ONE MILLION FOLLOWERS

How I Built a Massive Social Following in 30 Days

百萬粉絲經營法則

30天3步驟打造社群經濟力，
在社交平台擁有百萬追蹤數

BRENDAN KANE
布蘭登・肯恩 著
吳書榆 譯

目次

對本書的讚譽

「現今的網路世界雜亂無章，即便是真正出色的內容，也常被淹沒或忽略。好消息是，你可以掌控自己的能力以觸動大批群眾，而且，你可以今天就開始，只要你能善用本書。」

——**凱蒂．庫瑞克**（Katie Couric），**美國電視新聞資深主播**

「當我們需要協助，推出我們知道可以為這個世界帶來許多好處的網路劇時，我第一個就去找布蘭登。我很高興他寫了一本書來傳遞他的研究與經驗。」

——**賈斯汀．巴爾多尼**（Justin Baldoni），**《貞愛好孕到》**（*Jane the Virgin*）**男主角**、**《我最後的日子》**（*My Last Day*）**製作人以及 Wayfarer 共同創辦人兼執行長**

「布蘭登是密集市場中的異數。他的策略易於落實，也能創造極大的成功。和他合作，看到他的構想所具備的強大力道，打開了我的眼界。他是這一行裡的佼佼者。」

——**盧克．瓦爾**（LuKe Wahl），**運動畫刊**（Sports Illustrated）**與雅虎執行製作**

「布蘭登做到了大多數人僅能夢想之事。他願意分享他的祕訣，對我們來說真是太幸運了。這是一本必讀的書。」

——**茱莉．莫蘭**（Julie Moran），**《今夜娛樂》**（*Entertainment Tonight*）**節目前共同主持人**

「布蘭登的成功故事都很有趣，且同樣都與全球性大品牌有關，比方說泰勒絲、蕾哈娜、傑森．史塔森、凱蒂．庫瑞克、MTV、《Vice》雜誌、獅門娛樂和雅虎。他為本書進行了一次案例研究，以行動證明自己的論點，用極少的金錢在極短時間內替自己累積出一百萬名真正的追蹤者。測試與方法論是布蘭登之所以成功很重要的部分，他慷慨無私地和全世界分享他在這些方面所做的一切。」

——**葛瑞格．杜爾金**（Greg Durkin），Guts + Data **執行長**、**華納兄弟影業**（Warner Bros. Pictures）**前任行銷分析資深副總**

「或許的確沒人能預測什麼樣的內容會瘋傳，但是專家會使用一套通過驗證的公式，全力擴大接觸範圍並脫穎而出；這對你來說應該也有效。布蘭登・肯恩告訴你所有你需要的祕訣、工具和內部機密，以利實現目標。」

——**大衛・吳**（David Oh），**FabFitFun 產品長**

「布蘭登聚焦在理解事物的運作方式上，這點深具感染力。他的好奇心與知識，會讓你想要做得更好。」

——**拉森・阿內森**（Latham Arneson），**派拉蒙影業**（Paramount Pictures）**前任數位行銷副總**

「布蘭登・肯恩會導引你穿越社交媒體以及相關策略性應用的重重迷霧，他就像先知一樣。」

——**喬・賈希尼**（Jon Jashni），**Raintree Ventures 創辦人**、**傳奇影業**（Legendary Entertainment）**前任總裁兼創意長，負責監督內容的開發與製作，作品包括《金剛：骷髏島》**、**《哥吉拉》**、**《太空迷航》**、**《傳奇42號》以及《環太平洋》**

「今天網路上的雜音如過江之鯽，要將你的內容、品牌或訊息傳達給對你而言至關重要的群眾，也益發困難。除非你讀了本書。布蘭登完成了令人難以置信的工作，他將訣竅、工具和內部情資去蕪存菁，轉變成人人可套用的行動建議。」

——**伊蒙．卡瑞**（EaMonn Carey），**科星公司**（Techstars London）**倫敦分部常務董事**

「當今的社交媒體是你可以用來換取金錢或曝光率的媒介。本書會給你世上最聰明的腦袋提供的基本要領。從各領域專家的建言中，汲取必要的珍貴資訊，幫助你在社交媒體獲得成功。」

——**喬伊萬．偉德**（Joivan Wade），**臉書粉絲專頁「喜劇之牆！」**（The Wall of Comedy!）**創建人兼《殺戮元年》**（*The First Purge*）**演員**

「如果你要找一本書幫助你在複雜多變的社交媒體世界裡，創造出真實又持久的影響力……不用再找了。本書實用、精確且易於閱讀。布蘭登．肯恩寫出了一本聖經。」

——**卡里歐．塞勒姆**（Kario Salem），**艾美獎**（Emmy Award）**編劇得主**

「布蘭登比我所認識的任何人都了解付費媒體的價值。而高效率付費價值已成為新的有機要素，且意義深重。真正好的內容需要適當的觸發，加上適當的平台，才會成功。」

——艾瑞克．布朗斯坦（Erick Brownstein），**分享力公司**（Shareability）**總裁兼策略長**

「在這個喧囂的世界裡，試圖贏得大量的追蹤或許不切實際。然而，藉由遵循書中的明智建議，從現在起，任何人都可以培養出強大又熱情的粉絲群。」

——多瑞．克拉克（Dorie Clark），**杜克大學**（Duke University）**福夸商學院**（Fuqua School of Business）**客座教授及《你就是創業家》**（*Entrepreneurial You*）**與《脫穎而出》**（*Stand Out*）**等書作者**

「布蘭登提出了大師級的務實策略，幫助你達成並超越你的社交媒體目標。無論你是想要打造品牌、銷售產品或成為網路紅人，書內的智慧都可以幫助你完成。」

——安東尼．朗達爾（Antony Randall），**EQ公司共同創辦人兼執行長，在娛樂界擔任執行製作人／導演逾三十年，合作對象包括饒舌歌手傑斯**（Jay-Z）、**女神卡卡、U2合唱團等等**

「真希望十年前我展開影片導演生涯時就有這本書。我非常樂於將我從本書中學到的心得應用在自己的社交媒體平台上。任何認真閱讀本書並善加應用裡頭資料的人，正踏在離目標達成又更進一步的路途上。」

——**佩卓．佛洛瑞斯**（Pedro D. Flores），**坎普愛製作公司**（Comp-A Productions）**執行長**

「布蘭登極為能幹，不到十四天就為我們的非營利機構累積出百萬追蹤者。在我的職業生涯裡，從未見過社交媒體能如此快速成長。」

——**理查．爵曼**（Rich German），**傑維內部人士**（JV Insiders）**機構創辦人兼執行長**

獻給那些具有才華、智慧以及一顆純淨之心，
言論卻被壓制或忽略的人。
但願此書能成為你的指引，
助你放大你的音量、找到你的力量，
並為這個世界留下正面的影響。

推薦序

被聽見

——饒舌詩人 Prince Ea

你天生就要活出心裡的夢想，這世上每個人都有天賦，夢想是你的指引。

你是否有勇氣抓住夢想？

我知道你有。

我看到你已準備好發光發熱，渴望在世上留下正面、持續且有意義的影響力，你只需要一套計畫。

善用社交媒體讓它成為你的優勢。

你必須分享強而有力的訊息和產品，是時候行動了，不要再找藉口。

你的訊息和內容可以真正改變這個世界，這並非你能力所不及之事，我朋友布蘭登・肯恩的書會告訴你、指導你怎麼做。

無論你身處世界哪個角落，美國、墨西哥、巴西、澳洲、印度、英國，抑或他方，書中強大的創造力能提供你工具——宛如魔杖。

這是真的！

我保證。

啟發內心，跟隨你的夢想。

沒有什麼是你做不到的，即便有些看來不可能做到，但，請相信我。

書裡有世上最出色的行銷人所給的建議，他們會幫你找到你想要掌握的策略、聯盟與機會。

你會找到你想要與需要的，助你成為創業家，並有所成。

這些專家懂得如何將你的訊息傳到世界，也會和你分享他們的知識。

讀完本書，你將學會有效的數位策略與建立群眾的技巧，將你的訊息傳出去，把世界更進一步帶往轉型之路。

無論你的夢想是什麼，……成為演說家、詩人、模特兒、網紅、演員、創辦科技公司、零售業者、喜劇演員，或其他，你都可以辦到。

有了這本書，你將深信不疑。

你深富創意、獨立自主、能夠創新，且有和人搭上線的能力，你只需要能幫助你累積信譽與信任的資訊，這些都是現今社會絕對必要的因素。

善用你的天賦，實現夢想，你需要的資訊就在這裡，明確清晰。

我對你有信心，好好讀這本書，遵循書中的金玉良言，看著你的夢想逐漸成形。

這本書必要且珍貴，絕對能助你一臂之力。

如果你好好關注自己的夢想，你的成就將不可言喻。

你想要聽聽我的建議嗎？

現在就開始讀這本書，盡量汲取其中的知識。

深入鑽研，變得愈加明智。

帶著你的天賦，學著如何借重社交媒體進而成功改變世界。

沒有人跟你一樣，你無可取代。

別再躲藏，讓全世界認識你。

前言

在全球擁有百萬粉絲的影響力

如果你有什麼可以付出的，比方說，你具備音樂、藝術、表演、運動等才華，甚至正在成立一個品牌或創辦新創公司，而且你知道如何善用數位與社交平台，就可以在極短的時間內觸及全球幾百萬、甚至幾億人。那些社會影響力飛黃騰達之人便是這樣起步的，在某些狀況下，甚至只要短短幾年，他們的影響力就會變得比主流名人來得大。他們從自家出發，打開攝影機、對著機器開講，分享使得他們與眾不同的訊息。策略對了，幾乎每個人都可以在全世界建立廣大的粉絲群。

小賈斯汀（Justin Bieber）便是天生精通社交媒體力量的絕佳範例。一開始他自製影片放上YouTube，唱的是當時紅遍大街小巷的歌，今日的他已是地表上的巨星之一。他並沒有特別做什麼創新，他只是看到了機會，借助已有的成效便做到了。小賈斯汀的魔法，結合了他觸動人心的歌唱天賦，以及他能與人們在平台上搜尋的歌曲搭上線的能力，藉此切入目標受眾。

他在適當時機傳達出深富情感的訊息，引發群眾的共鳴，讓他們有意願分享出去。正因為有這麼多人願意幫忙分享他的訊息，他因而得到製作人、唱片公司與經紀人的青睞，推他一把，助他踏上星途。有一度，超級男孩的隊長賈斯汀（Justin Timberlake）和亞瑟小子（Usher）都出了高價，競相要簽下他。能有這番成績，全是因為他在社交媒體的布局，以及能讓全球千百萬人點閱其影片的能力、和他互動並分享出去。剛開始，他只是個有才華卻籍籍無名的小子，和許多正在讀此書的人並無不同。

我們身上都有一些讓我們獨一無二的事物，且值得用來激勵他人。我在想，如果你正在讀本書，代表你應該是一個相信自己有什麼可以給予、並想要展現影響力的人。然而，現今的主要問題在於，幾乎**每個人**都想展現影響力，在這個全球化益深的社會，要讓別人聽到比以往更加困難。光是行動平台，每天分享的訊息就超過六百億則。你到底要怎麼樣才能得到他人的關注，讓他們想聽你說？

很多人認為，在臉書（Facebook）、Instagram（簡稱ＩＧ）或 Snapchat 上貼出或推

廣訊息就夠了，其實不然；你得知道人們為什麼會想要分享你的訊息。每有一個人分享你的訊息，你的曝光率和觸及範疇就呈指數成長，你可接觸到幾百位他們的朋友，而且很可能再擴大到他們的朋友的朋友。你能讓人們用多快的速度分享你的內容，決定了你的有機成長能有多成功。這表示，愈多人分享，你成長得愈快。

你需要學會讓訊息發揮最大潛力，以便於推廣你的品牌或產品，這正是我將透過此書中的提示和範例逐步介紹的內容。身為數位與商業策略師的我已有十餘年經驗，經常協助名流、品牌以及《財星》雜誌五百大（*Fortune 500*），利用全球網路和我的專業來幫助客戶攀升、擴展與加快觸及群眾的速度，我希望能助你成為這方面的專家，讓人們關注你想要說的話。有些人借用西恩．埃利斯（Sean Ellis）的說法，稱我為成長駭客（growth hacker），但我視自己為數位與商業策略師，我的任務是幫助你，以無人能及的速度達成你的商業與個人目標。多數時候，達標的方法是讓其他人替客戶分享內容與品牌，尤其是力道強大的口耳相傳，好讓客戶的訊息內容發揮最大效益。

然而，每個人的目標不同，正因如此，在為本書做研究與相關準備時，我去找了很多業界的朋友與世上最懂成長的相關人士，逐一細究他們的策略。我希望能為你提供最佳的資訊與技巧，讓你達成**你的特定目標**。在本書中，你會接觸到社交媒體與數位平台成長等各相關面向的頂尖人才與專家。無論你是想要擴展臉書上的追蹤者到百萬、大量增加 YouTube 或 Instagram 上的追蹤族群，或是在網路上銷售價值百萬美元的產品，一切必要的資訊都在這裡，等著你善加利用。

和泰勒絲共事教會我的事

過去幾年，我把大量重心放在內容測試、優化、分析和數據上，並付費給媒體幫助名流、運動員和媒體業者快速擴大觸及範疇與群眾。我做了多年的實驗與觀察才得到現在的成果，然而，我相信，一切都得回溯到我和泰勒絲（Taylor Swift）共事時學到的心得。和她合作的期間，我了解到數位與社交媒體的力量有多強大，以及該如何善用這股力量。

泰勒絲最棒的一點，是她的品牌、音樂和星途完全靠她自己一手打造。一開始，她有的只是一個簡單的 Myspace 頁面，她將這裡打造成一個平台，以便和歌迷建立一對一的連結；她直覺知道這麼做會加快品牌與觸及群眾的速度。她親自回覆平台上的每一則留言。每當有人跟她要親筆簽名或照片時，她都從善如流。

泰勒絲甚至曾舉辦一場長達十三個小時的見面會（最後變成十七個小時），她在會上親自簽名，並和三千名歌迷自拍。她清楚每一位在隊伍裡等著拿簽名的歌迷，會變成她一輩子的歌迷（以及品牌擁護者）。這些品牌擁護者會將她的音樂和訊息再傳給他們的朋友。雖然泰勒絲當天實際上只和三千人碰面，但最終很可能觸及了十萬人。她的每一次互動都不只限於那個當下：歌迷們不僅會和朋友談起見面會，也會在他們自己的社交管道上貼出照片、簽名，以及在見面會上拍攝的影片。臉書的每位用戶平均有三百三十八位朋友，因此，如果她的每一位歌迷都分享照片，基本上她就可以接觸到一千零一十四萬人。歌迷會講起她，會對所有朋友與社交媒體上的聯絡人說：「我愛泰勒絲！」或「我拿到了這張超美的照片／簽名！」

泰勒絲至今仍會花時間舉辦這類活動。她會出席歌迷的生日派對、婚禮和新娘告別單身派對。二〇一四年，她帶著聖誕禮物親送到一些粉絲家中，超過一千八百萬人點閱了這些發送聖誕禮物的影片。二〇一七年，她挑選了幾群粉絲，並邀請他們到她位於倫敦、洛杉磯、納許維爾（Nashville）和羅德島（Rhode Island）的自宅，參加她為第六張專輯《舉世盛名》（*Reputation*）舉辦的聽歌會。這類活動是泰勒絲回饋歌迷的方式，同時引發大量關注和興趣。

這方式對她有用，因為她是出於真心。她做這些事，目的不在於操弄系統。她聰明、有才華，且懂得感激歌迷為她挪出時間，更有一顆善良的心。正是如此良善的心，才養成熊熊野火般的品牌忠誠度。

泰勒絲無法分身同時出現在不同處。事業剛起步時，她住在納許維爾。雖然她可以為此地的三千名粉絲簽名，和他們建立關係，卻無法總能抽出時間給世界各地的其他歌迷。紐約、倫敦、中國、香港、印度和日本等地的粉絲，就無法接觸到她本人。不過，藉由網路的現身聚焦，她得以飛快的速度和全球各地的人們聯繫。

在會見我的團隊之前，泰勒絲已經在一個全動畫效果的網站上花了七萬五千美元到十五萬美元，每次，她想要更新時，都得花上兩天的時間。我檢視並分析資料，發現人們在這個網站上停留的時間不會超過三十秒，九〇％的人一進到這個網站，都會迫不及待地離開首頁。我希望泰勒絲能將網站的功效發揮到極致，回歸品牌背後的基本概念：一對一的互動。有了正確的策略，她就可以藉網站之力，與粉絲培養出更強韌的連結。

我的賣點是，利用我的團隊開發出來的科技平台，我們可以在六個小時內，為她打造一個符合她的需求的全新網站。會議中，我讓她即時看到我們如何任意大幅改變網站中的元素。她可以變更背景、移動導覽、改變導覽，並控制網站中每一個元素，這賦予了她持續成長的力量與創意，以成為粉絲眼中更好的自己。比方說，每當推出新專輯，她可以在短短幾分鐘內重新設計整個網站，以搭配新專輯的美學風格。

能快速改變網站，讓她能根據她希望的方式表達自我、在她希望的時間出現，就像事業生涯早期在Myspace時的情況一樣，讓她得以和粉絲建立更強大的羈絆。兩年內，利用我的團隊建置的平台，以及我們合作的一些出色的社群科技結盟平台，我們合力讓歌迷停留在她網站的時間，從不到三十秒延長到不只二十二分鐘。我們如何能讓人願意花這麼長的時間停留在她的網站？答案是：給歌迷留下來的理由。我們促進歌迷和歌迷之間的溝通，因為我們明白泰勒絲只有一個人，她一次只能和有限的粉絲聊天，因此，我們打造了一個社群，讓粉絲可以**和彼此互動**，聊聊他們對泰勒絲的愛以及她的音樂。

我們同時建置了一套系統，讓歌迷可以在不到六十秒內，把自己的臉書檔案轉到泰勒絲的粉絲網站。這套系統會自動擷取歌迷的姓名與照片，連同泰勒絲的照片與專輯封面，讓歌迷也能擁有屬於自己的歌迷網站。這些歌迷專屬網站就建置在我們用來打造泰勒絲網站的科技平台上，因此，歌迷也可以量身打造粉絲網站中的所有元素，增添個人色彩。歌迷因此覺得和泰勒絲緊緊相繫，彷彿他們也是她團隊中的一分子：他們和她使用同一個平台，可擷取其中的任何部分，並用自己的雙手重新打造。幾個月內，歌迷利用這套平台建置出超過三萬五千個歌迷網站。我沒有確切的數據，但我很肯定的是，這項擁有最多粉絲網站的紀錄，在當時是任何藝人都不曾創下的。

親眼見證了和歌迷建立起更強韌的關係為泰勒絲的品牌帶來多大的益處後，在我心裡埋下了一顆種子。我學到，如果粉絲感受到連結感，就會願意和每一個認識的人分享內容、訊息和產品。一旦我理解了這股力量，它便成為我整套作法中很重要的一環。我了悟到，你不需要為了觸及廣大群眾而花大把銀子做行銷活動，你需要的只是讓別人為你分享訊息。

不是每個人都能成為泰勒絲，那也沒關係

就我記憶所及，我向來渴望與高知名度的名流、高階主管、運動員和企業家建立關係。我從電影學院起步，我熱愛電影，想要學習製作電影、了解娛樂產業的商業面向。

很快地，我就發現電影學院裡不教商業，因此我想，要學習商業最好的辦法就是自己創業。當時最具備成本效益的創業方法（今天仍然適用），就是網路開店。於是我創辦了幾家網路公司，同時也去大學真正學習一些知識並做實驗。二〇〇五年我移居洛杉磯，開始投身電影業；網路泡沫化後，娛樂業重新省思數位這件事。我善用了我的知識來創業，拿到進場門票，開始建立關係並建置專案。最後我替兩家電影公司管理數位部門。接下這樣的工作，代表我什麼都要做，從發想建構數位行銷活動，到想辦法將電影資料庫轉換成營收，一路都是直接與演員、導演合作，以了解如何進一步在網路上聯合他們的品牌。

最後，我打算獨立出來，自己成為企業家。我試著從科技入手，打造數位平台並授權給MTV／Viacom、雅虎（Yahoo）、獅門娛樂（Lionsgate）、《Vice》雜誌和米高梅

（MGM）之類的公司。在此跨出第一步，我進入了付費媒體的世界，幫忙建構出一家規模最大的付費優化社交媒體公司，每年為《財星》雜誌五百大的企業管理近七千萬美元的支出。

我多元的背景給了我機會，讓我能參與某些專案，與世上最知名的人士合作，包括泰勒絲、傑森．史塔森（Jason Statham）、蕾哈娜（Rihanna）、凱蒂．庫瑞克（Katie Couric），以及我之前提及的那些公司。和這些重要人物共事總能激發出我的好奇心和動力，引發我去思考該怎樣才能成功，才能成為明星或家喻戶曉的人物。

花費十年幫名人、品牌以及企業吸引大批群眾之後，我開始想，我的點子與技巧能否應用在白手起家的人身上。因此，我想出一個實驗，測試從未上過電視、拍過電影、甚或出現在平面媒體上的人，能否在全球集結出大批的粉絲。我的假定是，如果我能推動無名之輩，那麼，**無論是誰**，只要那人擁有任何可貢獻之處，我就能幫他找來大批的追隨者和大量的曝光率。我可以幫助值得幫助的人通過驗證、累積出信譽，讓他們與夢想的距離更進一步。當我還在思考應該選誰當作標的時，我發現其實我早就有了完美人選：我沒有名氣，從未上過電視、拍過電影或登上平面媒體，我也（尚）未做出什麼讓社會認為酷到不行的事蹟。我只是一個認為能和世界各地的人們建立起連結，會很有意思的普通人。因此，二〇一七年六月，我開始進行我的小實驗。我將過去十餘年來，從數位與社交媒體經驗中學到的功夫集結在一起施展，看看得花多少時間才能讓世界各地的人們追蹤我的臉書頁面。

讓我大為驚異的是，七月之前（不到一個月），我已經有了散居在百餘國的逾百萬追蹤者。我在做實驗之前不認識這些人，他們當然也不認識我。當我看到電腦螢幕頁面上按讚的人數時，我不敢相信這真的發生了。這並非因為我沒想到可能會有這麼多人；我曾經替客戶經營出高人次的互動，但他們可是站在社會前端的重要人物與企業。讓我訝異的是，我，布蘭登．肯恩，一個活在幕後（或者說螢幕後面）、基本上沒有平台的數位策略師，居然在全世界成為公眾人物。忽然之間，我得以在短時間內發揮重大影響力。

我不是搖滾巨星、演員或任何方面的名人，全世界卻有一百萬人追蹤我，這一點極為驚人、奇特且蘊藏著力量。這讓我感受到強烈的責任感，也將嶄新而有趣的經驗帶入了我的人生。我收到各種來訊，聽別人說著他們有多愛我或是我如何鼓舞了他們的人生；當我分享的政治內容不符合某些群眾的世界觀時，也收過死亡威脅和充滿恨意的郵件。

但我**仍未**自認是名人，甚至也不覺得自己是網路紅人；我在三十天內累積出百萬追蹤者，這和花上多年慢慢培養群眾是非常不一樣的事。我這麼做並非想出名，而是為了一場社會實驗，看看我能不能做到，並了解最終能帶來的影響力。我這麼做，也是為了想跟各位分享我的經驗與知識。如果真的是為了出名，那我就會投入大量心力進行後續追蹤，以扶植和建立我的品牌，並延續和新追蹤者之間的關係。我想強調的是，要累積出龐大群眾並培養出真正投入的粉絲，需要大量的時間、精力和努力。

說到底，重點是，如果我做得到，**你也可以**，這本書可以教你如何辦到。利用這些工具，你可以整備自己，更往前邁進一步，實現你的夢想。

如何神速實現事業抱負

最近，我和位於洛杉磯一位滿懷抱負的女演員合作，她極有才華，卻沒有太多成就，基本上名不見經傳。我問她試鏡情況如何，她說她和好萊塢某位最頂尖的選角導演大致碰過面，對方說她的作品集很棒，是一位出色的演員，但如果她能在推特（Twitter）上累積出幾萬名追蹤者，那就是幫了她自己以及選角導演一個大忙。雖然推特上的追蹤數和成為好演員毫不相干，可是當製作人需要決定用誰時，有大量追蹤者能賦予她優勢。

有很多人追蹤這點具有價值性，不僅適用於無名小卒，在較高階的層級上也同樣寶貴。《冰與火之歌：權力遊戲》（*Game of Thrones*）的蘇菲・特納（Sophie Turner）說，她參與選角時，能從比她更優秀的演員中勝出，就是因為她的追蹤者比較多。在接受《PORTER》雜誌專訪時，她說：「我去試鏡，他們要在我和另一個女孩之間做選擇，對方是一名比我優秀的演員，遠遠勝過我，但我有很多追蹤者，所以我拿到了角色。這樣是不對的，可是這就是當今電影產業的部分現實面。」[1]

一般個人會想要衝高社交媒體上的數字，品牌同樣也會。華頓（Wharton）商學院一項研究指出，在社交媒體上受歡迎的程度，可以證明一家新創公司具有經營品牌、整

1. Naomi Gordon, "Sophie Turner Says She Landed a Role over a 'Far Better Actress' Because She Had More Social Media Followers," *Esquire*, April 8, 2017, http://www.esquire.com/uk/culture/news/a16489/sophie-turner-role-better-actress-social-media.

合消費者的回饋意見，以及吸引特定消費族群的能力，因此，某些投資人在決定要投資什麼時，也會將這點列入考量。[2]

我甚至從驗證的角度見識到，擁有廣大的粉絲群如何讓我的人生大不相同。當追蹤者人數節節上升，我得以把這股影響力用在我的事業上。我爭取到更多客戶與合作關係，我飛到瑞典演講，在宜家家居（IKEA）全球總部舉辦專題研討。我得到許多演講機會，比如在葡萄牙的網路高峰會（Web Summit）等活動上開講；這是全球規模最大的大型科技研討會，參加人數有七萬名，講者包括美國前副總統高爾（Al Gore）、特斯拉（Tesla）車廠的執行長伊隆·馬斯克（Elon Musk）、U2樂團主唱波諾（Bono）、亞馬遜（Amazon）的科技長兼副總裁華納·沃格斯（Werner Vogels），以及臉書的共同創辦人達斯汀·莫斯科維茨（Dustin Moskovitz）。

愈來愈顯重要的社交媒體追蹤人數，也會大大影響你是否有能力拿到門票、建立重要的結盟關係。好消息是，你不用成為超級巨星，也能帶動數字成長。看看我就好。我沒演過《冰與火之歌：權力遊戲》，亦非什麼才華洋溢的歌手，基本上，我一開始在社交媒體上少有或根本沒有人追蹤，這也是激發我寫這本書的理由。不管你目前的影響力

（或沒有影響力）處於哪個層級，我都希望能為你提供最佳的成長策略。熟讀此書，保證你一定會清楚知道如何快速實現自己理想中的職業生涯。

常見作法

在我想出自己這套系統之前，早已有人（甚至是小賈斯汀這類非比尋常的人物）找到獲取影響力的方法。這很棒，問題是多數人光會運用方法，背後卻無策略，有策略的人又多半藏私。沒有策略的人只會放上貼文，期待內容能獲得青睞並開始瘋傳，在極罕見的情況下，有些人確實擁有這份幸運，但多數時候都是船過水無痕。沒有策略，在這場賽局中，你只能空期待機運帶你向前邁進。即便你運氣好，可是，僅靠著貼文，通常

2. Fujie Jin, Andy Wu, and Lorin Hitt, “Social Is the New Financial: How Startup Social Media Activity Influences Funding Outcomes” (working paper, Wharton School, University of Pennsylvania, February 7, 2017), https://mackinstitute.wharton.upenn.edu/wp-content/uploads/2017/03/FP0331_WP_Feb2017.pdf.

少說也要花上好幾年才能培養出跟隨者。說實話，多數人都沒有這麼多時間。這個世界瞬息萬變，我們得跟上腳步，因此，必須盡快將才能潛力發揮到極致。

現代世界的轉動速度讓人頭暈目眩，每個人都想迅速得到成果，於是很多人乾脆使用付費媒體，他們認為花錢就可以輕鬆買到粉絲與客戶的關注。他們試著使用「加強推廣貼文」（boost post）*，或是借重廣告管理功能在臉書與 Instagram 上爭奪贊助廣告投放位置。別誤會；我的策略裡也有這些戰術，但是一般人如果沒有穩健的計畫就貿然應用，絕對無法創造他們期待的影響力。這些作法到最後必然是既昂貴又讓人失望。他們把重點放在自己認為有吸引力的點上，而不去思考到底是哪些因素真正引發情感迴響，因此碰壁。

我曾和運動鞋品牌思克威爾（Skechers）合作過，該公司花了幾十萬美元拍攝照片與影片，在平面媒體與電視上皆有很好的效果，公司打算複製運用在社交與數位媒體上。可惜，事情沒這麼簡單。在我與思克威爾合作的短短兩週內，群眾參與度遠超過十三年來，他們的臉書粉絲專頁裡所有社群網站影片參與度的總和。試想，如果對於有研究團隊幫忙找問題的大品牌來說都如此困難，又有誰能寄望全靠自己來？

或許正是因為這股失望，人們轉而尋求另一種戰術，就是花錢買假粉絲。我不建議這種作法，因為，呃，這樣做不僅不對，而且見不得人。乍看之下，購買人頭可以換來短期的認可，但無法長久。萬一被發現，只會顯得你很沒信用；而且，對，人們總有一天一定會發現，現在有很多方法可以找出真相。冒著玷汙自身名譽的風險並不值得。此外，你也無法從你的內容、訊息當中獲取任何心得，更不知道哪些重要的資訊能幫助你持續受歡迎並蓄積持久力。

最後要說、且同樣重要的是，我真心想幫助花了冤枉錢的那些人；他們花很多錢去上所謂社交媒體「專家」開設的線上課程，花掉的錢沒有幾千也有好幾百美元；遺憾的是，這類課程多半充斥著毫無建樹的建議，比方說「要真心」、「要有趣」。這些俗套可能是對的，但不能告訴你**如何**做到。你還是需要一套系統為你提供工具，以便找出要做什麼以及如何靠自己去做。這正是我在本書要與你分享的資訊。

＊ 譯注：臉書的廣告功能之一，付費之後按下頁面上的「加強推廣貼文」按鍵，便可將貼文傳播給更多群眾。

我開發出來的系統

我主張要經營一對一的關係以快速建立支持者，同時要創作出能打動群眾情感的訊息，此外，我的方法中另一塊基石是進行測試。在本書中，你會學到如何利用測試找到最好的策略，讓人們分享你的訊息。這方法會讓你在短短幾個月內就能擁有粉絲，無須耗掉數年。運用我的具體測試法，再加上明智善用付費媒體的力量，你將明顯地壯大，迅速創造出真正的粉絲人數並獲得認可。你也會得出一套系統，幫你了解怎麼做有用、怎麼做沒用。你可以獲得有益於你的企業與品牌發展的重要數據。

但是，在你繼續往下讀之前，我希望你先了解一件事，這是一套需要你付出努力的系統；你不僅要努力培養跟隨者，更重要的是，你要讓他們持續投入，變成終生鐵粉和品牌擁護者。你必須做好準備，反覆進行試驗與經歷錯誤，然後做出改變，還有，最重要的，要能面對失敗。我向來不會只測試單一版本的內容變化，我會測試幾百個、甚至幾千個版本。我會花時間盡可能做多種版本測試，以便找出有用的。如果你想成功，你也要準備好這麼做。

出色的成果就是這樣創造出來的。臉書之所以大大成功，就是因為它的模式（大體來說，這就是矽谷企業的模式）根基所秉持的原則便是「痛苦且快速地失敗」。有些人甚至說要「更快速失敗」，因為這是你可以從中學習的唯一方法。經過測試、學習、失敗與績效不彰，最後你就會成功。

太多人在單一內容上花掉太多時間與金錢，他們把所有資源投入到一張圖片或一部影片上，隨即在線上分享，並期待它神奇地發生效用。遺憾的是，通常都不會如願，再說了，社交媒體上的資訊流傳速度太快，你根本沒有多少時間可供揮霍。我曾經和多家公司合作，他們花了幾百萬美元推廣單項內容，到最後根本波瀾不興，也沒觸及核心群眾。這也是我打造這套系統的主要原因之一。你必須針對核心群眾盡可能測試最多不同版本的內容，並在訊息反應不佳時願意修改版本。真相本就如此嚴酷。除非你是創意天才，比方像是我的友人兼合作對象 Prince Ea，可能就不需要花費這些時間。Prince Ea 是音樂人、詩人、社運人士、演說家、導演兼內容創作人，過去兩年有超過二十億人次看過他的作品。他可以快速輕鬆推動內容，但對我們其他人（占世上九九．九％）來說，就必須花時間做測試。我會帶你澈底完成這套流程，包括提出內容假說、A／B測試

（A/B tests）、不同版本的內容變化、能吸引注意力的標題、目標族群、不同的目標受眾、測試反應以及分享策略。一趟深入完整的旅程，能帶你貫徹所有流程以及之後各章的內容。你也會從過去的客戶案例研究以及我最聰明的夥伴身上學到智慧。

哪些作法會有用，對每位讀者來說各不相同。我不相信有一體適用的數位策略與增長模式，正因如此，我才去訪談世上最聰明的人士，我希望能在為你提供我的成長策略之餘，也能有其他選項，讓你從中選出對你來說最有用的方法。於是，一旦你理解以下各章列出、討論的策略後，就有能力創造出屬於你自己，且能帶來持續效益的模式。當你讀完此書，將會明白你要借重哪些人、哪些因素，好讓你能發揮影響力並盡快達成目標。

在本書中，你會找到最出色的策略與最犀利的洞見，重塑個人、品牌與企業在和粉絲建立關係時使用的方法。你最後會得到一套系統，讓你有力量實現你的事業目標與抱負。如果想在讀完本書後更上一層樓，請瀏覽我們的系列影片（網址為 www.optin.tv），或直接發送電子郵件給我（請洽 b@optin.tv）。這套流程始於了解內容測試的各個面向，一旦你能掌握這項知識，就能大步前進，比多數人擁有更多粉絲，內容曝光率也會更高。就讓我們從這裡開始，打好根基，紮實地學好如何將內容的潛力發揮到最大並快速培養出粉絲。

第一章

我如何得到百萬追蹤者

要在三十天內於社交媒體上擁有眾多追蹤者，這項任務聽起來雖然荒誕，卻有可能辦到。不過，首先我得指出本章（以及本書）的真正價值，並不單單在於我如何培養出百萬追蹤者。為了完全透明化我用來培養百萬追蹤者的方法與成長駭客祕方（growth hack），我會在本章中詳加說明。然而，我不希望過度吹捧這個概念，導致有人過於仰賴。這些技巧當然可以幫上忙，但如果沒有本書中提到的其他策略、心態和流程，你也無法成為善於創作內容的大明星。你或許可以在數字遊戲中成功，但無法持續占有一席之地。無論你去請教任何一位在數位平台上成功的人，相信對方都會毫不遲疑地告訴你，要想擴展並吸引大批群眾投入，**內容**是至關緊要的因素。因此，當我在說明我如何建立百萬追蹤者時，請謹記這一點。

想要快速規模化你的追蹤群眾，關鍵是要有一套敏捷的創作方法、測試內容並即時衡量他人的反應。如果無法投資三、四年時間來打造平台，這會是一套好策略，因為它會讓你馬上累積出認同感和信譽，立即脫穎而出。建立群眾其實很簡單，真正需要長期努力的是維繫群眾以及讓群眾投入。

你必須先接受事實後才投入：你可以很快就擁有很多粉絲，但如果你想要的是蓬勃發展且持續在社群媒體上占有一片天，就要了解以下各章所提的測試、訊息傳播與內容策略。書中充滿了全球頂尖人才的建議，告訴你如何擴大受眾並讓他們持續投入。

流程的三階段

我建立百萬追隨者的方法奠基於下列三個步驟：

(1) **提出假說：**針對格式、故事或主題快速設定一個假說，引誘群眾以特定訊息為核心展開互動。

(2) **測試：**以低成本創作來證明可被測試與驗證的概念或訊息，並從中學習，了解什麼東西有用、什麼沒用。

(3) **轉折：**如果假說證明無誤，那就投入更多。要是結果是否定的，那就改用新格式、故事或主題，快速重複前述流程。

提出假說、測試與轉折是你的新格言。這套模型很簡單，難的是去找出要測試什麼以及何時該轉折。

你需要測試很多不同版本，才能找到可抓住眼球、吸引關注的強力誘因。通常，憑著測試，你會了解到哪些版本成果最好，然後繼續投資成績最好的那些。或者，如果都沒用，你就需要轉折：回過頭去，設定新假說，然後再度啟動流程。

在培養百萬追蹤者時，我把核心焦點放在成為公認的思想領導者，因為我真正熱愛的就是演說，而且好為人師。身為數位與商業策略師的我，永遠都在努力測試最多內容，以求了解哪些對客戶有用、哪些沒用，但是，當我在培養自己的追蹤者時，我的品牌重點放在思想領導、教學以及啟發性等主題的貼文。

我其中一次最有趣、最成功的經驗和播客（podcast）有關。我**提出的假說**是：對我這個人來說，播客應該是一個絕佳的管道，因為我在和凱蒂．庫瑞克共事時，做了很多這方面的功課（這部分我會在之後幾章詳談）。我當然知道，基本上可以使用「逆向工程」的方法處理播客，然後把得出的結果放在臉書上，快速擴大群眾並促進互動。我們的作法，是把我和幾位夥伴與名流一起完成的播客訪談轉換成影片，剪出簡短的音檔搭配靜態照片或投影片播放，或者剪輯庫存影片來呈現討論的主題。將這些影片拿來做各種不同的測試，我發現，我在短短**幾天內**就可以接觸到幾百萬人；全世界最出色的播客一個月內也不一定能觸及到這麼多人。其中的巧妙是，你不用全部從頭再來；你可以環顧四周，從他人的成功當中借鏡。

我**測試**的播客訪談內容，來賓包括電視影集《貞愛好孕到》（*Jane the Virgin*）的男主角賈斯汀．巴爾多尼（Justin Baldoni）、流程溝通模式（Process Communication Model, PCM）專家（流程溝通模式是第三章的主題）傑夫．金恩（Jeff King）以及卓醫生（Dr. Drew）。我把訪談的音檔剪成三種風格的影片貼文：⑴影片中只有單一畫面，並播放聲音檔；⑵影片中有多個畫面，並播放聲音檔；⑶在網路上尋找符合播放聲音檔的庫存影片或短片，並從中剪輯。接著，我相互測試這些短片類型，看看哪一種分享的人最多、得到最多免費的推廣。針對每一次訪談，我都會剪出三到十個聲音檔版本，並替每一個音檔製作出獨一無二的影片。進入此階段，我會製作出十到一百種不同的影片版本（之後我們再來談如何快速增加內容版本）。

截至目前為止，效果最好的版本是賈斯汀．巴爾多尼的某次訪談。這是一部相當勵志的影片，他在影片中鼓勵大眾去過自己最好、最渴望的人生。他也談到如何去做一些讓人生更快樂、更充實的選擇。我**從中學到**的是訊息的內容（透過標題表達）極為重要，選對訊息會影響人們點進來看並分享出去的意願。有件事我得強調，那就是我反對誘騙人點選的招數；標題／呈現的誘因一定要和內容一致。我也發現，視覺效果非常重要。以能代表聲音檔的庫存影片剪出的影片或是實際的訪談影片，效果都比單一畫面來得好。此外，如果你借重的對象擁有大批可作為你的目標受眾並善用的追蹤者，也有助於你贏得關注，但是，如果內容不實在，就不見得會**讓人投入、進行互動**。

此外，我也分享並測試各種不同的勵志名言；我看到很多人利用這類貼文創造出極佳的成效，比方說在 Instagram 擁有八百萬以上追蹤者的創業家蓋瑞・范納洽（Gary Vaynerchuk）。我測試的名言佳句有些來自於我崇敬的人，例如史蒂芬・史匹柏（Steven Spielberg）和歐普拉（Oprah），我們有著相似的觀點。開始看到正面成績後，我把焦點轉向創作我自己的名言，以我目前專頁中發布的貼文來說，這類內容占了很高比例。我學到的是，以圖片呈現的名言效果絕佳，因為大眾都喜歡與在視覺上和心智上有著正面且激勵人心的內容互動。圖片還有另一項勝過影片的優勢：創作高品質的圖片比製作影片容易得多。要製作出一部出色的影片，埋藏了許多變數：調性、速度、前三秒鐘的內容、說明、標題卡、長度，諸如此類。反之，圖片的話，只要選對圖再搭配上切合的名言佳句即可，影響成敗的變數少很多。

短期策略是查驗測試並即時從中了解有效的作法，得出的結果會導引你決定每星期要製作的內容。那之後，當你開始看出有效作法的大趨勢時，就能為你提供長期內容策略，但你在查核長期策略時，同時要對照品牌的整體訊息。舉例來說，我做過一個試驗，測試以惡作劇和貓狗搞笑為主題的爆紅影片。雖然這類影片效果絕佳，但我決定做出**轉折**，因為那不符合我成為思想領導者的品牌主題。請注意，長期來說，引發群眾迴響的內容類型會不斷改變。請一同檢視長、短期內容策略，看看兩者如何相輔相成，並把重點轉向有用的部分。

為何我的系統重心在臉書

最近臉書經常登上媒體版面，議題主要環繞著這家公司如何使用人們的數據。我想要說明這個主題，並解釋為何我仍選擇使用臉書，且相信這是一個重要的平台。科技作家亞莉珊卓·塞謬（Alexandra Samuel）在美國科技新聞網站《界限》（*The Verge*）發表的「劍橋分析公司」（Cambridge Analytica）事件報告指出，網路的設計本來就是要自由使用用戶分享的數據[1]，在商界、消費者、監督機構決定改採不同模式之前，這點將不會改變。

使用數據來幫助人們與用來剝削他人是兩回事。（抱持惡意或意圖操弄）製造假消息是不負責任的行為，不建議任何人這麼做。另一方面，收集資訊、容許行銷人員清楚消費者的需求進而更了解他們，有助於為潛在顧客提供價值。

若從已發生的案例來說，我們可能需要改變這類系統與公司的運作方式，尤其是他們的透明度。如果能看到新的協定或模式應運而生，是一件很有趣的事。在此同時，我建議你用負責任且符合道德的方式，處理你在臉書上使用的數據，如同我在實作時所做的。

誠如我先前所提，在與泰勒絲等名人合作過後，我學到要成功擴大群眾規模的最重要關鍵，是讓別人替你分享你的訊息。愈多人分享你的內容，你便可用更快、更高的成本效益來建立群眾。我選擇在臉書培養百萬追蹤者，因為這是最民主且最便於分享的平台，更別提在這裡能用最輕鬆、最快速的方式擴大與發展群眾（之後還會詳談這一點）。事實上，以分享內容來說，臉書的用量遠勝過電子郵件或任何其他線上社交平台。[2] 就我的經驗、實驗以及和全世界最出色的行銷與社交媒體相關人士的對談而言，我發現如果你有很好的內容，別人會在臉書上快速分享，進而最大化提升你內容的潛在效益。

臉書比其他平台更適合用來擴大群眾，因為這個社交媒體就是圍繞著「分享」此一概念而打造。在其他平台上，能爆紅多半是基於搜尋引擎最佳化（search engine optimization，簡稱 SEO）所做出來的排名與演算法；沒錯，演算法同樣在臉書上發揮作用（我會在

1. Alexandra Samuel, "The shady data-gathering tactics used by Cambridge Analytica were an open secret to online marketers. I know, because I was one," *The Verge*, March 25, 2018, https://www.theverge.com/2018/3/25/17161726/facebook-cambridge-analytica-data-online-marketers.
2. Jeff Bullas, "Do People Share More on Facebook or Twitter?" Jeff Bullas's Blog, http://www.jeffbullas.com/do-people-share-more-on-facebook-or-twitter.

下一節詳談這個部分），但是，如果別人分享你的內容，你在臉書上會比在 YouTube、Snapchat 和 Instagram 等其他平台上，更容易勝過演算法。以身為電影製作人、演說家和社運人士的 Prince Ea 為例，他在臉書上分享的影片第一個星期就有三千萬人次點閱，其他平台幾乎不大可能有這樣的速度。

我推薦和臉書合作的另一個理由，是因為這是最大的平台。你從這裡能接觸到組成人數超過二十億的社群（且數字不斷在攀升）。[3] 臉書的廣告平台（同時支援 Instagram、WhatsApp 和臉書訊息〔Messenger〕）是非常強大的市場研究工具。你可以使用臉書有效測試各類內容，看看不同背景、來自世界各個角落的人們有何迴響。如果分析正確，這項資訊可以賦予你極大力量，讓你強化品牌並知道自己有沒有市場。

☑ 吸引追蹤的三種方法

你可以使用三種方法，讓更多人在臉書上追蹤你。前兩種方法是利用臉書的廣告平台，你可以藉此**⑴創作出會瘋傳的內容**，獲取廣大的知名度，激發出相關效應，贏得高曝光率，引發人們追蹤你，或者**⑵使用「粉絲專頁按讚」廣告單元**（廣告的目的，是為你的專頁帶來更多讚／追蹤），來鎖定可能的新追蹤者。欲建立這類活動最簡單的方法之一，就是使用臉書廣告平台上的廣告管理員（Ads Manager），並選擇「粉絲專頁按讚」作為你的行銷目的／目標。然而，這並不是「粉絲專頁按讚」的唯一用途；要說明臉書廣告平台的妙用，可以說上一整本書。

▼ 如需更多資源幫助你了解如何使用臉書廣告平台，請參閱 www.optin.tv/fbtutorials。

3. Jeff Dunn, "Facebook totally dominates the list of most popular social media apps," *Business Insider*, July 27, 2017, http://www.businessinsider.com/facebook-dominates-most-popular-social-media-apps-chart-2017-7.

這兩種戰術都很有效，不過我終究還是建議組合應用。能知道如何讓內容爆紅瘋傳，長期來說是比較強效的戰術。一開始先測試你手上已經有的內容，並觀察能否讓很多人幫你分享出去。創作出色的超人氣內容來建立跟隨者永遠是最好的方法，因為這能讓你的受眾持續投入。你可能會自問：「我要如何才能持續創作出吸引眾人分享或能爆紅的內容？有公式可循嗎？」我很高興你問了；在第五章裡，通篇都會討論這個主題。至於現在，如前所述，先以「粉絲專頁按讚」為行銷目標新增廣告進行測試，並從中了解需要哪些因素才能誘使別人追蹤你，這是很重要的起步，暫時先這樣就夠了。

就算你曾經觸及百萬追蹤者，但是由於臉書演算法之故，你張貼的內容平均來說也只會觸及其中二％到五％的群眾。大多數人會按讚的粉絲專頁就算沒有幾千也有幾百，當用戶檢視自己主要的饋送時，臉書可能僅會讓他們看到有限的內容。主要饋送內容會限於用戶選擇追蹤的所有專頁中效果最好者，臉書還必須確認用戶能看到最親近臉友的動態。演算法會權衡內容，確認人們的社交饋送中充滿的是他們會感興趣的題材。如果你的內容無法激起迴響，就只會讓一小部分群眾看到。另一方面，如果內容效果很好，即使無法觸及全部，也能來到大部分追蹤群眾眼前，讓你的內容有機會被大眾分享出去，獲得有機成長。

如果你選擇把臉書「粉絲專頁按讚」當成目標的話，請牢記這點。臉書是我用來培養追蹤群眾策略的其中一環，因為它是很好用的工具，可以用來擴增與建立你的確實追蹤人數到一個可信的點。你可以和真實的人建立真實的關係，也可以借用新累積出來的信譽來帶動有機成長，後面這一項就是在臉書上培養追蹤人群的第三種方法。我在後面幾章會更深入探討如何達成有機成長，特別是透過第六章要講的策略聯盟；然而，你還是需要利用前兩個方法打造出一套紮實的內容策略，才不會讓你的每篇貼文都僅有二％到五％的有限群眾觸及。

▼ 欲詳細了解我如何把「粉絲專頁按讚」當成目標來快速擴大群眾，請參見 www.optin.tv/brendan。

沒有成本哪來追蹤人數

某些網紅會每天發文，並長期與群眾建立強韌的連結，以爭取粉絲。他們和粉絲間的關係密切：粉絲很清楚這些網紅是誰，且持續與他們互動多年。顯然，這絕非快速獲得成效的最佳選項，並引發我們去思考一個很重要的面向：要獲得追蹤者，一定要有所謂的**每次取得成本**（cost per acquisition, CPA）。如果你要建立龐大的粉絲基礎，即便從自然有機成長觀點出發，要爭取追蹤者或訂閱者仍必須付出成本。如果有人告訴你以自然有機方式累積粉絲代表免費獲得追蹤者，那是不對的。

如創業家蓋瑞．范納洽這類頂尖網紅，背後通常都有全職人員替他們經營社交媒體網站。范納洽經營全球數一數二的一家社交媒體代理公司，他善用和客戶合作後累積出來的知識打造自己的品牌，同時反向操作嘉惠客戶。他的社交媒體代理公司不僅支援客戶，也支援他本人的創作、編輯與行銷內容。然而，如果你無法像范納洽那樣付錢養一支團隊，你就得自己花時間，不管是拍攝、編輯、貼文還是監督等工作，全部都要自己來。

我選擇提出假說、測試與轉折這樣的系統，理由就是我沒有一整支團隊。我利用最少的支援獲得百萬追蹤者。付費媒體需要成本，但，不管你走的是哪一條路，總是要付出成本，可能是時間、承諾、金錢，或結合以上三者。你要爭取追蹤者，就必須要投資。我的策略，是其中一種最快速的方法，需要動用的也是極少數的人力。當然，這並不違背你在培養出追蹤者後還必須持之以恆繼續做下去的事實。這和存錢不同，不是存到一百萬就算了，你必須實際上和群眾有互動，否則你就會失去你的信譽。

我需要投資多少錢？

我的朋友兼前同事、同時也是 FabFitFun 這家網路公司（其經營模式為訂用產品，每季都會寄出女性用品訂用箱，年營收達好幾百萬美元）產品長兼負責管理公司成長的主管大衛・吳（David Oh），解釋了為何很多人認為付費媒體不太恰當。他覺得，如果我們否定付費媒體的重要性，就等同否定了消費者的重要性；他認為這概念違反人性。

他不知道如果少了某些廣告形式，人們如何期望能接觸到自己的目標受眾。

他分享的心得是，如果要讓廣告變成你的優勢，關鍵是要很清楚你在這方面要花多少錢，以及你要從中獲得多少。講到行銷、商業和廣告，人們常忘記最基本且最重要的事便是去觀察投資報酬率。你在這方面花了多少錢、你又希望從這投資當中得到多少報酬？這是唯一的切題之問。有時候，你得到的報酬不是錢，而是在社交媒體上擁有大量追蹤人數與互動，並幫襯拉抬你的信譽。投資報酬的形式可能是讓你在電視台得到一份工作、加入一部電影、得到模特兒經紀約、簽下一張唱片交易，或是替你的新創事業找到投資人；你需要問問自己，這些關係對你而言有多少價值？你要追求的結果是什麼？你又願意投資多少金錢或時間以獲得這些成果？

喬．賈希尼（Jon Jashni）是好萊塢一位極其成功的電影製片、媒體高階主管兼投資人，他為蘇菲．特納在本書前言中講的那段話背書，並說明為何電影公司在選角時會重視特定演員的社交媒體追蹤人數與互動狀況。如果演員在網路上的布局已在成長發展中，電影公司就能用比較便宜的方法觸及更多人。電視選角時尤其如此，因為電視資訊流動更為快速，需要更多的聲音與急迫感來引起注意。賈希尼表示：「如果演員的相對吸引力和演技都相當，會影響決策的因素就是社交媒體上的廣度。」

這番道理也適用於現今許多產業。想一想你在社交網站上的追蹤人數能為你帶來多少金錢價值。當然，無論和誰合作，我的目標都是花最少的錢創造最大的效益。即便對方是像凱蒂．庫瑞克一樣的高階客戶，我還是會盡量少花錢。大衛．吳補充道，如果行銷人員純粹只談營收成本與廣告費用帶來的營收，通常投資報酬率應至少達到百分之百（但是你要有賺回報酬的合理期限）。

如果你想要在三十天內就得到百萬追蹤者，你要花的錢必須取決於幾個不同的變數，包括你要追逐的是哪個市場以及你要觸及的是哪些區域。如果你要打造的是全球性的公司或品牌，在新興市場帶動群眾，成本效益會比較高。以美國或英國來說，我能以低至六、七美分得到一名追蹤者。在印度等新興市場，平均而言好的內容，通常你可以用一美分甚至更低的價錢得到一名追蹤者。

第七章〈走向全球〉會深入討論這個主題，然而，此際，我想要對在新興市場培養粉絲有何益處存疑或聽過有人說「印度粉絲都是人頭」的人說幾句話。海外的粉絲也是真實的人。以印度為例，這是全球人口第二多的國家，共有十三億活生生的人。世界上一些最聰明的投資人與公司，例如宜家家居、網飛（Netflix）、MTV、可口可樂（Coca-Cola Company）和百事可樂（PepsiCo），均大舉投資印度市場。臉書之前也才發布他們最大的用戶群就在印度，總共有二・五一億的用戶，而且，臉書也致力於馬來西亞、土耳其和沙烏地阿拉伯等國家的成長。當全球最大型的投資者也放眼海外市場，你如果視而不見，那你就是傻瓜。

你也必須考量內容的品質。內容愈好，投資報酬率也愈高。如果你的內容很出色並因擁有全球粉絲而獲益，就能在短短不到一個月內得到百萬追蹤者（如果你做得對的話，甚至可以用一星期快速達標），而且花費僅介於七千五百到八千美元之譜。你也可以採用混合法：使用本章的策略迅即培養出二十五萬到五十萬的追蹤者，然後善用本章後頭會提到的相關資訊，例如第六章的組成策略聯盟，以有機活化的方式創造出其他的追蹤者。無論哪一種，都必須做一些財務投資。聽起來好像是一大筆錢，但如果我去找你並對你說：「花七千五百美元能讓你的夢想更容易實現。」你認為值得嗎？電影合約、模特兒合約，或是唱片交易對你來說值多少錢？想一想你可以投資什麼、你的方向在哪裡，以及你需要什麼；你可能根本不需要集滿百萬追蹤者來累積信譽，或許只要五十萬、甚至十萬追蹤者就夠了。無論你的目標是什麼，這套系統一定能幫助你達成。

艾瑞克・布朗斯坦（Erick Brownstein）是分享力公司（Shareability）的總裁兼策略長，該公司曾製作出某些最禁得起時間考驗、被眾人廣為分享的內容；他也認同，無論你的內容有多棒，最重要的是要利用付費媒體再加以放大。

布朗斯坦說，什麼都不做、光靠希望，無異議是壞策略。無論內容有多容易被別人分享出去，你都必須付費請人推一把。外面的世界有太多雜音和混亂，你必須加強推廣你的貼文，付錢點燃火苗。布朗斯坦的團隊視「高效率的付費是新的有機元素」為運作基礎，關鍵是要真正妥善運用付費媒體。如果你很聰明，相較於他人的大手筆，只花小錢就得到很多粉絲，你就可以走得很遠。

降低取得追蹤者的成本

每個人都可以使用臉書廣告平台上的「粉絲專頁按讚」廣告，不過真正需要較勁的是盡可能壓低取得每位追蹤者的單位成本。要做到這點，你需要找到對的內容以契合你想要觸及的受眾，並讓他們按下「讚」或「分享」。你要有能引發迴響的內容，來引燃動機或激起他們的興趣。

有個錯誤觀念是，當你使用廣告平台時，就是單純付費買追蹤者的「讚」，實則不然。你是付錢給臉書、購買將內容放到某個人眼前的機會。通常，對方必須喜歡你的內容且選擇主動加入（opt in），你無法強迫他們。這就像是付錢在報紙或雜誌上刊登廣告一樣；你可以付錢買廣告，但並不代表人們會打電話給你或來找你做生意。

當你的內容很出色，臉書的演算法就能算出人們和你的創作會有共鳴，這點能讓你少付很多錢。臉書的廣告系統運作方式就像拍賣一樣，如果你的內容絕佳且引發迴響，臉書就會不斷推播這則廣告，讓你在競價時得以較低的價格播送。反之，如果你的內容表現不佳，臉書還是會容許你繼續播送，但成本將會變得極高，因為這些內容對平台來說沒什麼價值。維持系統並確定最寶貴的內容能留在生態體系裡面，這就是臉書的運作方法。

無論其他人是按讚、留言或分享你的貼文，都能提高曝光度，並讓你以較低的成本行銷內容。這個概念並無任何出奇之處，跟數位時代出現前，實體世界裡的流程很相似。

披頭四（Beatles）剛出道時，在英國和歐洲各地演唱。他們通常必須付錢才能去這些地方開唱，一開始還得自己籌錢進行巡迴演唱。如果他們表演不佳或是聽眾不喜歡他們的音樂，投資便得不到高報酬。但因為他們確實很棒（或者說，以多數音樂愛好者的標準來說是棒透了），才能處處成功。也因為他們很有價值，加上口耳相傳將他們的音樂傳播出去，歌迷因此愈來愈多。同樣的概念也適用於數位平台：內容不好，就傳不出去；內容好，就能傳出去，但前提是，人們要有能回應的機會。

那麼，要怎樣做才能知道你的內容好到足以引發共鳴？看指標。如果大眾分享你的內容並按讚，你就占有優勢地位。還有，一定要把我們最好的朋友「投資報酬率」放在心上。如果數字不漂亮，你就需要轉折。請從廣告平台擷取數據並善加運用，以便了解要具備哪些因素才能讓其他人追蹤你。眾人分享了哪些內容？有人透過連結點進你的部落格嗎？需要哪些因素才能讓一個人動手買張門票或做交易？請找到對你來說運作效果最好的系統。

實務應用

我會帶領你徹底走過一遍，在接下來幾章裡，讓你知道如何鎖定群眾、選擇訊息、透過測試微調訊息，以及如何創作出可讓人分享的內容，但是，首先我要為你提供一些實務祕訣，告訴你如何在臉書上投放廣告，這些廣告是導引人們前來你的粉絲專頁的關鍵。

堅守臉書的出價金額

臉書的廣告平台會建議你要為廣告付多少錢，通常是十一到二十五美元，視廣告單元不同而定。我通常都會堅守設定的出價金額，不會變動，倘若有更動，永遠都是往下調降。**我絕對不會支付高於建議價格的金額**。如果將每天的出價金額提得愈高，競價時你要支付的成本就愈高。

我看到一般人在執行廣告活動時常犯的一個錯誤是，在活動中期提高出價金額。他們啟動廣告宣傳活動時可能從一天二十五美元起跳，效果不錯、令人振奮，所以他們想再加把勁，把出價金額提高到一天一百、甚至五百美元。問題是，每當有人這麼做時，臉書就會重新設定競價成本。假設原本在粉絲專頁上每得到一個讚需要花掉一美分，當他們把一天的廣告費用從二十五美元增為一百美元時，臉書便會重新提高並膨脹單位成本。

我的建議如下：當某一組廣告效果絕佳時，請加以複製，再製作一組新的。一樣每天花二十五美元，投放另一則廣告，創作新的創意作品、或鎖定其他興趣階層，讓廣告觸及更多人。改變這些變數，你就能夠創作出各種不同的版本。

區分每種關注興趣

創作廣告時，很重要的是要把每一種「關注興趣」區分出來，不要單用一組廣告把所有的關注興趣兜在一起。比方說，如果你是一位勵志演說家，不要把「幸福」、「憂鬱」、「自助」、「動機」、「激發」等等全部放在同一組廣告裡，請針對以上各種「關注興趣」分別製作廣告。你有兩個理由應該這麼做：首先，把所有關注興趣放在一起，你就無法從中學習。如果所有關注興趣都放在同一則廣告中，你就不知道具體而言是哪一個關注重點在帶動效果。其次，把要點分開，能讓每一件創意作品可觸及的範圍達到最大。如果你有十個興趣重點，全都混在同一則廣告中，你便無法以這則廣告為核心，進而創作出不同的複製版本。然而，如果你以一件創意作品為主，針對十個不同的興趣重點分別製作廣告，播送十則廣告、每一則廣告費用以二十五美元計算，總金額是二百五十美元，這麼做就能讓你擴大廣告的規模。

哪一類的內容？

我在培養追蹤者時，用了很多附有名言的照片，因為這是快速高效的創作內容手法，要找到並製作契合你的品牌或訊息的名言很容易。製作優質的影片難度較高，但是如果你做得到，效果會更好。為了找出哪一種圖片和名言最有效，你需要親自投入並測試每一種想像得到的變數。以一張圖片配上五句不同的名言進行測試；也可以用一句名言配上五張圖片，然後測試。

你得找到展現訊息的最佳方式，群眾才不會感覺獲得的體驗是被動而消極的。你創作出的內容，是要讓人們看了之後會說：「這個我喜歡，我要分享出去」，或「我要按下追蹤鍵，我喜歡這個品牌代表的意義」。第五章會再詳談如何才能精於創作內容。

設定目標與隱藏貼文的力量

在我們進入下一章更深入探討如何設定目標前，你需要了解臉書廣告平台中一個相當重要的面向。當你在臉書上投放廣告時，廣告會被視為「隱藏貼文」（dark post）；這是一種新訊饋送的風格，不會自動把廣告發布到你的時間軸或是追蹤者的饋送裡。

你在廣告平台選定的受眾可以看到隱藏貼文，這些人的組成取決於你選擇的性別、關注興趣、年齡以及其他特質。這樣很好，因為如此一來，你就可以測試內容、又無需用廣告轟炸你的受眾。你可以從中了解哪些因素有用，又不會騷擾粉絲。你不會想把同一個創意作品的五十種版本全部丟到你的主要饋送裡，因為這樣做看起來會像在塞爆系統。

但是，隱藏貼文並不會自動排除所有追蹤者，我用下面的範例來加以解說。我先前完成了一項測試，分析生產鞋子以及運動休閒服飾的安德瑪（Under Armour）公司對加州大學洛杉磯分校（UCLA）的贊助。我們測試這項贊助活動的創意文宣時，設定的粉絲關鍵字為「世界體育中心頻道」（SportsCenter）、「福斯運動頻道」（Fox Sports）、「加州大學洛杉磯分校」、「加州大學洛杉磯分校足球」（UCLA football）。如果某個人同時追蹤安德瑪和世界體育中心頻道，就可以看到隱藏貼文廣告。如果這不是你想要的結果，你可以另外自選，排除追蹤安德瑪或任何你所投放的廣告品牌帳號的追蹤者。

臉書賦予你控制權，這就是平台的力量所在。很多人只是針對自家追蹤者加強推廣貼文，但這麼做無法教你任何事。請把臉書當成市場研究的工具來使用，你可以從中獲益許多，並習得需要哪些因素才能讓別人追蹤你、和你互動。

我也建議在設定目標時，盡可能最廣泛地瞄準目標年齡層與國家範圍，讓臉書平台導引你。你可以檢視指標，看看哪些受眾的反應效果最好。之後，進行後續測試時，你可以更具體地琢磨你看到的有用因素。先從大範圍開始，然後再慢慢縮小。

午夜時發動

我通常在午夜推出廣告，這樣的話，就有完整的二十四小時可以測試內容。有時競價出錯，在一天當中比較晚的時間才推出廣告，這會導致臉書填補廣告欄位的速度過快，如此一來，你在競價中便無法享有最經濟的成本。所以，你盡可以隨時創作廣告，但記得安排在午夜開始播送。

你可能會想：「那我的群眾呢？那時候他們不是還在睡覺嗎？」事實上，臉書平台上有逾二十億用戶，因此，不管何時總會有人醒著在使用臉書。就算在極罕有的情況下完全沒有人看你的廣告，臉書會等到有人確實登入後才刊載你的內容，並在有人看你的廣告後才跟你收費。

午夜推出廣告，之後任其播送七、八個小時，時間端看你的睡眠安排而定。我不是夜貓子，因此我會在早上時查核結果；如果你會熬夜，你可以在前幾個小時就查看，然後開始調整廣告活動，以求達到最佳狀態。要不要這麼做，端看你自己；你絕對無須熬夜，不用為了成功而犧牲睡眠。

無論使用的目標是「粉絲專頁按讚」、影片點閱率或是網頁流量，我從未見過廣告效果在一個小時之後還能再提高三〇％。這表示，如果你的成本是每個「粉絲專頁按讚」五十美分，不會一下子掉到一美分，連十美分都不可能。你可能會從五十美分掉到三十美分，這樣就很值得了。就我的經驗而言，如果創意作品無法立刻引起受眾的共鳴，就看不到成本下降的結果。我的建議是，如果是這樣，就關掉這則廣告，再換一則。話雖如此，但我也聽過電子商務專家說，當他們使用每筆引介單位成本（cost-per-lead, CPL）、每位用戶取得成本以及載入價值比（load-to-value, LTV）等目標時，也曾看過在廣告播送幾天後才成功的例子。除非你真正試過，否則你不會知道哪種方法最好，請親自嘗試每一種，看看在哪裡能找到最好的結果。

分析指標

我在操作「粉絲專頁按讚」時，定下的規則是國內粉絲專頁上每個按讚的成本不可高於十美分（我曾經創下的最低紀錄是五美分），全球的話則不可高於一美分（我曾經創下的最低紀錄是〇．四美分）。但這是我個人的標準、是我個人想要達成的績效。我建議你設定你自己的門檻。有些人的廣告由於內容品質的問題而無法達成這樣的目標，有些人的表現則比較好。測試並找出有效的方式。

如果你選的策略是讓內容瘋傳，我的規則是如果每次分享成本（cost per share, CPS）為五十美分，則指向表現平平，超過這個數值則意謂內容無法在核心受眾間引發共鳴。若每次分享成本低於三十美分，代表你的內容很出色，如果成本來到十美分，那就是巨星等級了。你可以在臉書的廣告管理員上設定個人的瀏覽頁面，找到你的每次分享成本。

> 欲更詳細了解臉書廣告管理員的基本運作，請參閱 www.optin.tv/fbtutorials。

你一定要試試看自己可以把廣告的表現推高到什麼程度。我看到人們常犯的錯誤之一，是他們認為「喔，臉書上說我每次分享的成本是三十美分，我猜這就是我要付的錢吧。」不要妥協於這個價格，試著再壓低成本，盡可能拉抬表現。不要偷懶；請挑戰極限。

測試與學習

第四章會更深入討論這一點的重要性，這套系統最重要的一個面向，就是**學習**。你必須了解為何有些作法有用，而有些卻沒用。不這麼思索，你就無法愈來愈明智。不去思考的話，就算測試了幾千種版本，也得不到你想要的績效。不要浪費時間，請分析數據並從中學習。這些測試與學習對於發展你的長、短期內容策略而言非常重要，帶動有機成長的正是這些內容策略。

如果你有好好做，一定能得到回報。當你開始善用從測試當中得到的情資，就能享有真正的成長，分享你內容的人數將會呈指數增加。魔術師兼社交媒體創業家朱爾斯・狄恩（Julius Dein）在十五個月內培養出超過一千五百萬名追蹤者，最能證明這點。他說：

你必須努力往上爬。你需要花點時間爬上第二階、第三階，但之後就飛快了。當我獲得百萬個讚時，我心想：「天啊，我花了好久才得到一百萬個讚。」之後，我在幾星期內就來到了兩百萬。Instagram 上的流程也一樣。兩個月前我才得到第一百萬個讚，但現在已經將近三百萬了。我跟你打賭，要來到第四、第五、第六個百萬速度將會更快。

建立追蹤者需要時間、努力和金錢，但請想一想當中的投資報酬率，想一想這一路上將為你帶來的認同度與信譽。每次在創作內容與複製廣告模組時，請記住一件事：你又將更進一步接近拓展群眾與實現理想的目標。

要點提示與複習

- 想要在線上培養、壯大群眾並與之互動，內容是最重要的因素。
- 想要在最短時間內快速擴大群眾基礎，關鍵在於要有靈活的製作方式與內容測試，並即時衡量他人對於你的內容有何反應。
- 提出假說、測試、學習與轉折。
- 你不需要從無到有；請環顧四周，借鏡他人試過並有效的方法。
- 臉書是最容易得到百萬粉絲的平台，因為這套系統的核心概念原本就是分享。
- 你可以運用兩種方法來藉由臉書廣告平台建立追蹤人數：①進行創作並讓內容瘋傳，藉此贏得廣大的知名度，或②利用「粉絲專頁按讚」廣告單元鎖定對象，讓他們來追蹤你的粉絲專頁。
- 建立群眾需要投資時間或金錢。
- 你無法用這套系統買到追蹤者，但是你可以付錢給臉書，讓你的內容有機會呈現在人們眼前。

- 要壓低成本，請堅守臉書的出價金額。如果要多花錢，也只花在以不同的關注興趣複製的廣告或不同的創意作品上。
- 時時刻刻思考投資報酬率，並退一步看。如果某個廣告無法達成目標，那就關閉。

第二章

瞄準你的受眾

瞄準受眾可以成就也可以毀壞一份事業。許多產品與品牌都能觸及廣大群眾，但是，唯有了解其中巧妙，知道哪些人真的會和你的產品或品牌有互動，才能真正幫助你打造出有意義、又可持續的追蹤者與顧客群。我們之前談過，要快速擴大規模，你需要找到的對象不僅要替你傳播訊息，還要會出手購買你的產品。本章之後也會談到，目標受眾不同，鎖定策略與技巧也不相同。而且，觸及對的受眾可以幫你省下時間、金錢和精力。

且讓我們假設你銷售的產品是女性瑜伽褲。瞄準男性沒有意義，因為他們不需要也不會用你的產品（除非在特定節日鎖定他們，推動將瑜伽褲作為禮物這個概念）。或者，你銷售的產品是費城老鷹隊（Philadelphia Eagles）超級盃的紀念T恤，那你絕對不會在新英格蘭愛國者隊（New England Patriots）輸掉二〇一八年大賽後隨即鎖定他們的球迷，對吧？那只會浪費你的資源。或者，想像你住在一個人人都是全素者的地方。你可不會在這裡開間牛排館；你的餐廳活不下去。

瞄準對的人能讓你的事業蓬勃興盛。如果你知道目標受眾是誰，網路（尤其是社交媒體）會讓你比過去更容易聽見消費者的回饋意見。Zara 這類服飾公司完全仰賴買家的建議去調整設計；該公司的企業總部會讀取幾千條購物者提出的建議，並利用這些回饋意見創作接下來的服飾線。Zara 採用這種使用者創作的方式經營快時尚，更宣稱這正是他們的成功關鍵之一[1]，這也是 Zara 能稱霸時尚市場的部分原因：其他品牌很難用同等的關注程度來因應目標市場的回饋意見。

具體化

我們活在資訊時代，因此，精準瞄準的重要性更勝於以往。激烈化的競爭，各種產品、訊息和內容百花齊放，人們的意見看法也各不同。消費者和粉絲的關注興趣更特定且具體，利基型的群眾更是多到不得了。請將這點化為你的優勢。

1. Derek Thompson, “Zara’s Big Idea: What the World’s Top Fashion Retailer Tells Us About Innovation,” *Atlantic*, November 13, 2012, https://www.theatlantic.com/business/archive/2012/11/zaras-big-idea-what-the-worlds-top-fashion-retailer-tells-us-about-innovation/265126.

如果你可以搭乘時光機回到一九七〇年代，在街上隨機攔下十個人，問問他們最愛的十首歌曲是什麼，多數人的清單中都會出現五、六首共同的曲目。當時人們的音樂選擇有限，因為製作出來的音樂作品比較少，音樂傳播的管道也少（比方說，僅有電台和電視）。倘若你今天進行相同的調查，重複的比例絕對不可能這麼高。現在可聽的歌曲太多，音樂傳播的管道也更多，其中包括自我傳播的平台（例如臉書、iTunes和Spotify），而且，一般人也比過去更能直接接觸到歌手本人。市場裡的內容、資訊與產品數量大增，把人們的興趣區分在各種特定的利基領域。

這一點同樣適用於許多產業。看看網飛、Amazon Prime和Hulu等串流服務出現後，電視界發生了什麼事。節目的選項與風格之多，比以往有過之而無不及，幾乎所有類型的觀眾都有，而你只需要知道怎麼找到他們。

你可以善用臉書與其他線上廣告工具，為你的品牌瞄準非常具體的受眾。比方說，你可以鎖定大學畢業、一年所得七萬五千元美元、住在伊利諾州芝加哥市（Chicago, Illinois），愛狗的已婚人士。網路出現前，要接觸到大量的特定群體人數，即便不是不可能，也極其困難。使用臉書的鎖定功能，設定你的內容與策略，專門滿足他們的需求，就有機會找到真正會買你產品的人。反過頭來看，這也更具成本效益且提高了獲利能力。

我也親自領受過臉書廣告平台的好處：我用它來瞄準客群，幫我選出本書的書名和封面。我的團隊將這本創作拿到幾組不同的群眾當中做測試，他們告訴我的不只是哪個封面（鉅細靡遺到特定顏色）效果最好，也讓我知道哪些群眾對本書最有感。我們用來測試封面的群組包括「創業家」、「中小企業主」、「網路媒體『科技關鍵時刻』（TechCrunch）、《連線》（*Wired*）以及《快公司》（*Fast Company*）雜誌等刊物的讀者」，得到的資訊幫助我們了解誰對本書最感興趣，哪些行銷訊息又最能打動他們。

☑目標受眾專用查核表

這是一份範圍很廣的查核表，不一定能涵蓋你設定受眾的全部具體目標，但如果你要從頭開始，這可以幫助你細分出目標受眾。要觸及到對的人，你需要在心裡描繪出他們的模樣。

一開始先寫下你所知的所有產品或品牌相關資訊，想一想這些最適合誰以及對誰最有用。一旦你列出一份清單或寫下幾段描述，請自問以下幾個問題：

⑴你的目標受眾的**性別**是什麼？你要瞄準男性、女性，還是兩者皆有？

⑵你的目標受眾的**年齡層**多大？你要瞄準青少年、成人、三十多歲的人還是其他年齡層？

⑶你**想要達到的行銷目標**是什麼？你希望你的目標受眾採取哪些行動？你是想要：

- 提高品牌知名度；
- 銷售特定產品；
- 吸引人們註冊成為你的電子郵件寄送清單；
- 希望更多人和你的貼文有互動；
- 帶動部落格或網頁的流量；
- 你另有其他行銷目標？

⑷你的受眾**區域**在何處？是要瞄準全球，抑或僅限於美國或某個國家的居民？還

是，你經營的是在地事業，希望鎖定具體的郵遞區號、鄉鎮或州？受眾的所在地，絕大部分取決於你的行銷目的以及你想要達成的結果。你得清楚你是要直接把產品銷售給住在特定區域的人們，還是嘗試建立品牌知名度與可信度？如果你身處娛樂業或試著打造全球性的品牌，眾所皆知絕對大有益處。（第七章會再詳談這個概念，幫助你了解瞄準全球受眾，如何有利於為你的品牌帶來認同與可信度。）

(5) 購買你的產品或接受你的品牌的人，有哪些**關注興趣**？

- 他們聽哪種類型的音樂？
- 他們從事哪種運動？
- 他們穿戴哪些時尚品牌？
- 他們去哪些商店購物？
- 他們每天的例行公事大致如何？
- 他們會參加哪些活動？
- 他們的價值觀是什麼？
- 他們有哪些嗜好？

- 他們使用哪些品牌的產品？
- 他們開哪一款車？
- 他們收看哪些電視節目？
- 他們最愛的電影是什麼？
- 他們追蹤哪些名人？
- 他們可能還有哪些其他興趣？

(6) 對於你的受眾，你還知道哪些相關的**生活風格**資訊？

- 他們是已婚、未婚還是離婚？
- 他們的教育程度？
- 他們從事哪一行？
- 他們的年收入多少？
- 他們有哪些需求？
- 你的產品或品牌如何能讓消費者的人生更好或更輕鬆？

(7) 你最強勁的**競爭對手**是誰？就上頭羅列出的問題來說，他們的粉絲又是什麼模樣？

回答這些問題能幫助你了解初始測試時要瞄準的對象，最後將有助於你獲得新顧客。你愈是了解那些對你的產品感興趣的人，成績會愈好。

當你定義出變數、開始進行測試時，請化身為瘋狂科學家。試著創作出最多模組，把不同的變數區分出來，放到不同的測試當中。如果你要銷售的是女性瑜伽褲，要做的測試可能如下：

測試一：年齡介於十八到三十五歲、喜歡露露樂蒙（Lululemon）運動品牌的人

測試二：年齡介於三十六到五十歲、喜歡露露樂蒙運動品牌的人

測試三：年齡介於十八到三十五歲、喜歡露露樂蒙且大專畢的人

測試四：年齡介於三十六到五十歲、喜歡露露樂蒙且大專畢的人

測試五：年齡介於十八到五十歲、喜歡瑜伽的人

測試六：年齡介於十八到五十歲、喜歡冥想的人

測試七：年齡介於十八到五十歲、喜歡瑜伽且住在芝加哥的人

測試八：年齡介於十八到五十歲、喜歡冥想且住在芝加哥的人

以上只是一個範例，但是你可以看出測試的數目可以快速放大。一定要盡可能測試最多變數，直到你找到所尋求的答案才放手。務必持續測試以提升成果。

> ▼欲獲得更多資訊、以了解如何建立這些測試活動，請參閱 www.optin.tv/fbtutorials。

你也需要檢查你的假設是否正確。如果你還沒有粉絲群，又想要確認方向是對的，FabFitFun 的大衛・吳建議你在實體世界裡做測試，和你假定的目標受眾聊聊。如果你認為你的客戶組成是介於十八到三十歲的女性，請去和這個範疇內的人聊聊。看看他們對於你的訊息、想法與內容有何意見。請將親戚、朋友與熟人都當成資源，幫你做市場調查。

如果你已經擁有一群粉絲，他們會和你的內容互動、也會購買你的商品和服務，那就可用其他方式做市場調查。你可以從社交媒體平台（例如臉書的「粉絲專頁洞察報

告」（Insights〕）或谷歌分析（Google Analytics）上收集來的資訊，解析哪些人會來你的網站。你可以分析之前的訂單，然後對現有的粉絲與客戶做調查。使用任何和群眾有關的分析或數據，幫助你判定誰最熱情回應你的內容、產品和品牌。

舉例來說，大衛．吳使用自家網站的數據分析，更了解訂用FabFitFun用品箱客戶的核心人口統計特質；這項資訊讓他了解顧客的年齡、性別、美容／時尚產品關注興趣與她們喜歡的品牌。他甚至針對顧客先前收到的用品箱做調查，看看她們喜歡哪些品項，哪些又是她們希望在未來再度收到的產品。之後，他便借重這些資訊，設計出效果更好的行銷活動，不斷擴大公司規模。

另一個來自電影界的範例也可以用來說明套用這些戰術的模式。電影拍攝完成時，會先粗剪毛片做成測試版，用來試片以進行市場調查。測試的目的，是要在電影正式上映前，讓理想中的目標受眾進戲院觀看這部電影。製片和電影公司會請他們設定的觀眾進場觀賞影片，並在計分表上寫下他們的觀察、感受，以及對這部電影的意見。電影製片與行銷人員之後會利用這些資訊，真正了解那些和電影起共鳴的人。試片得出的數據，會用來導引行銷策略／定位，以及改進電影。

* * *

市場研究案例：電影《走音天后》

我和我的團隊二〇一六年時曾和派拉蒙影業（Paramount Pictures）合作，替梅莉·史翠普（Meryl Streep）和休·葛蘭（Hugh Grant）主演的電影《走音天后》（*Florence Foster Jenkins*）做市場調查。派拉蒙想知道如何針對目標受眾定位這部電影。

如果你沒看過這部片，讓我告訴你，梅莉·史翠普在片中飾演一位有名氣但無實力的人，到死都想要成爲專業歌劇演唱家。派拉蒙百般爲難，不知道如何找到一句宣傳詞（tagline）來傳達這部電影。他們有五個選項，包括：「有夢永遠不嫌太老」、「勇敢做大夢」、「每個聲音都重要」等等。但他們需要數據和分析，幫他們做出決策，挑出最好的核心訊息供電影行銷之用。

我的團隊在美國找了五十六萬一千七百五十六人（五三％女性、四七％爲男性）測試不同的宣傳詞版本，他們的興趣包括「音樂型電影」、「傳記型電影」，還有，由於他們最有可能會去看電影，因此也包括「梅莉．史翠普」。要找到這麼多人，如果用的是傳統市場行銷方式或在電視上進行測試，可能要花掉好幾個星期與大筆預算，因此我們另謀其道，花了不到四十八小時再加上一小筆的成本就完成測試，因爲我們借用臉書的廣告平台作爲市場研究工具，區分出所有的測試並即時收集數據。測試完成後，我們迅速彙整數據，做成厚達四十一頁的報告，確認我們盡可能完整納入所有結果，以利派拉蒙針對他們的活動做出最周延的決策。

提交最終報告時，派拉蒙的高階主管有點訝異我們在如此短的時程內就能提出這麼詳盡的內容。他們開始明白，他們有了具成本效益、速度很快且嶄新的數據來源，未來可以幫助他們做決策，看看要在哪些訊息上面花大錢。能做到這樣，都是因爲我們找到正確的目標受眾，測試並進行了我們的權宜市場研究。

＊＊＊

另一種瞄準法：找到那些會分享出去的人

我們在本章稍早討論過，如果你僅有單一重點，希望號召成員去做一件特定的事，比方說點選、購買或註冊，那麼，根據精確的人口統計特質鎖定群眾是很好的策略。但我喜歡用另一套瞄準策略：找到能為你分享策略與品牌的支持者。如果你銷售的是女鞋，需要瞄準的群眾是介於十八到三十五歲的女性，並鼓吹她們買下某雙鞋，在這種情況下，你的鎖定目標很直接明確。不過，如果你可以創作出優質內容，那你就有了第二選項：找人替你快速分享訊息，讓你透過內容賺到免費推廣，從而壓低重要績效指標的成本。要達成此目標，做測試時不僅要把訊息瞄準會購買你的產品或喜歡你的品牌之人，也要顧及最可能替你分享內容的人（然而，讓人非常、非常意外的是，這些人並不見得是你的目標市場）。

如果你覺得這套瞄準策略和本章之前所講的可說是完全相反，沒錯，就是這樣。有效的方法和策略有很多，有些看起來可能彼此互相衝突，然而，事實是，對某個人或某個品牌有效的方法，換個標的之後未必如此。我的目的，是提供你最有效的選項，讓你可以測試並從中選出對你和你的目標而言最有效的作法。

假使你不大精於創作出能讓人大力分享的內容，你很可能想先運用第一套作法：具體瞄準受眾。但倘若你善於創作廣為流傳的內容，那就試著擴大觸及範圍，跨出你的目標市場，看看反應如何。有時候，透過其他人，反而最能接觸到你希望觸及的人群。大力為你分享訊息的人，可能不在你設定的目標市場裡，卻能替你觸及目標市場。

* * *

Chatbooks 案例研究

Chatbooks 是全球首屈一指的線上照片沖印公司，訂戶超過一百萬，我和該公司合作的一個專案正是絕佳範例，說明了如何在核心目標市場外，找到大力傳訊的支持者。Chatbooks 想趁著母親節舉辦活動以提高知名度，因而來找我；他們拍了一部感動人心的影片，是從幼童的視角來看母親。影片中，四到八歲的孩子分別講述自己的媽媽是怎麼樣的超級英雄。這是一部很出色的作品，創作者是納特・摩利（Nate Morley），我們在本書稍後還會再提到他。

Chatbooks 告訴我，他們想要「瞄準四十五歲以上的媽媽」。看到創作影片那麼出色之後，我知道人們快速傳播出去的可能性很大，因此我力促他們讓我測試內容，利用這部影片找到品牌支持者。開始測試時，我用的是很廣泛的人口統計特質，但在興趣方面具體連上 Chatbooks 的產品（例如整理剪貼簿、攝影、媽媽經和親職）。執行知名度和參與度相關活動時，我傾向一開始先將訊息同時鎖定男性與女性、年齡介於十八到六十五歲（除非如本章一開始提到的，要賣的是特定性別專用的產品），然後看看在活動最初的幾個小時內，臉書的演算法會把內容導向何方。我發現這麼做大有好處，因爲臉書的演算法不斷在進步，可幫助你找到互動最強的群眾，也能給你最有用的洞見。如果洞見告訴你，你的內容無法觸動具備特定人口統計特質或有某些興趣的人，那就測試另一種。然後再試下一種。不斷測試，直到找到你要的答案。我也建議用大範圍的目標受眾來做廣泛型的知名度相關活動，因爲這通常可以壓低你在競價時的成本、讓你有更多點閱率，並給你更多的機會和群眾互動。

執行測試時，我注意到會分享這部影片的人實際上是介於十八到二十五歲的女性。她們最終不一定會買下產品，卻是能和內容產生連結的人。進行更多分析之後，我發現她們會和自己的媽媽分享影片、分享時標注媽媽，並開始和媽媽對話、討論內容。

擴大範疇、觸及更年輕的女性，讓Chatbooks能用更強力的方式觸及具備核心人口統計特質的群眾。他們瞄準了母女之間的情感連結，回過頭來，這也讓他們將產品介紹給新群眾。我在這裡看到了分享與使用廣泛鎖定法的力量，這可以提高訊息與內容的知名度，並幫助你找到品牌支持者，還有，最重要的是，以深具影響力的方式觸及你的核心受眾：讓朋友和另一位朋友或至親至愛分享。基本上，你破解了口耳相傳之道，這是行銷界最難完成的任務之一。

要有創意，並讓買家以及訊息分享者之間建立起連結。你可能會找到新方法，用以行銷產品或品牌，同時培養新的粉絲、增加社交媒體上的追蹤人數並賣出更多產品。

＊＊＊

不要擅做假設

拉森・阿內森（Latham Arneson）是派拉蒙影業數位行銷部的前任副總裁，他補充說道，很多人假設自己知道要瞄準哪些群眾，雖然大多時候他們是對的，但很多時候他們是錯的。他解釋，以電影行銷為例，一開始用的是很廣泛的參數，例如「年輕女性」。實際上，這是一個很大的群體，組成分子也各有不同的關注興趣。要在這些人口統計特質裡找到最願意幫你分享的人，是很重要的焦點。

雖然阿內森的經驗與專業都以行銷電影為中心，但也適用於想要建立品牌或是創造成長的人身上。如果一部電影非屬知名系列也不是知名大公司的作品，行銷人員就相當於接下一樁近乎不可能的任務，因為他們得在六個月之內就打造出一個品牌；很多此書的讀者正在努力的便是這類任務。

阿內森指出，測試是關鍵。他認為，你可以做出合理的猜測，但要確實找出事實，唯有測試。只有在做測試時，你才能根據創作內容引發的反應真正找出誰感興趣。說到底，除非你真正把內容放進真實世界、看看有哪些人會回應，否則就無法百分之百確定。

當你的具體指標是影片的點閱率時，阿內森建議檢視影片播放完成度（video completion rate），或是完整觀賞影片率（video view-through rate），並且觀察看完影片的人有什麼相關行動。觀賞者願意看完七五%甚至全部，這是好事；如果他們看完大部分的影片後又採取了特定行動，例如分享內容，那是好上加好。善用率先行動的人（比方說分享或點閱影片、照片或是連結的人），乃目標受眾的最佳指標。

☑瞄準要達成的目標

瞄準時，有一環是要選對廣告類型，以利達成活動目標；你可以利用選定的廣告來博取影片點閱率、網站流量、開發潛在顧客（lead generation）、引發貼文互動，以及激起對事件的反應等等。就經驗來說，我發現在臉書的競價中，不同目標有不同的權重。

假設你想要推廣一部影片，而你選擇的目標是開發潛在顧客。由於臉書不再從每次點閱成本的觀點來看待點閱，而是試著盡量為你帶入潛在客戶，這會導致你的每次瀏覽成本提高。因此，在做任何影片廣告時，不管你的目標是要開發潛在顧客或帶動流量，我通常都建議一開始先以提高影片點閱次數作為目標。這麼一來，你可以盡量以最低的每次點閱成本觸及最多人。接觸到更多人，代表更有機會讓其他人替你分享訊息，更多人分享訊息又代表更多免費推廣，這可以壓低整體的開發潛在顧客單位成本。還有，當然，對於想要營造品牌知名度與衝高追蹤人數的人來說，這顯然也是一件好事。但是，如果群眾不分享、而你又只想直接銷售產品，那你可能比較適合以開發潛在顧客或引起對話當作目標。

假設我的目標是要在群眾之中分出不同層級，在有優秀內容的前提下，以貼文互動或是影片點閱次數為指標就會是首選。如果內容品質平平甚至在水準之下、主要目標又只有銷售產品，那麼，就以開發潛在顧客或創造轉換率為指標。如同我之前所提，測試並學習，這是唯一能找出哪種方法對你的品牌來說最有效的途徑。

重新瞄準／相似群眾

做完測試、學到你的核心受眾具備哪些人口統計特質，以及有哪些關注興趣後，你得開始觀察最可能替你分享訊息的是哪些類型的人。一旦收集到這項數據，你會想要確定自己重新瞄準了能與你的品牌**互動**的人。

分享力公司的艾瑞克．布朗斯坦說，他的團隊一定會重新設定目標，把新內容送到會和第一套內容互動的人眼前。他指出，如果一個人願意互動一次，就很可能再度互動。他的團隊測試過「成千上萬不同的目標群體」，在看到有些群體進行轉換、或採取他們想要的行動後，便接續開始培養相似群眾並加以測試。

世界衝浪聯盟（World Surf League）的社群長提姆．格林伯格（Tim Greenberg），同樣認同打造相似群眾是明智之舉。首先，他會用臉書像素（Facebook Pixel）去找出有哪些人瀏覽過公司網站；臉書像素是一種分析工具，用來追蹤網站訪客，幫你衡量廣告效益（你也可以用臉書像素來檢驗人們根據你的網站採取了哪些行動，從而更了解如何接觸到你的標的群眾[2]）。接下來，格林伯格會查看哪些人註冊加入世界衝浪聯盟的電子郵件寄發清單，之後分析那些拜訪過世界衝浪聯盟平台以及看過現場串流直播的人：這些人都是核心用戶，是會主動過來看內容的核心粉絲。格林伯格的團隊要做的是傳送提醒訊息通知這些人，告訴他們有內容可看了。

完成這套流程後，團隊會把焦點放在第二圈的瀏覽者；他們會去找能**對照出原始粉絲的相似群眾**。第二圈人群的人口統計特質、專注興趣和其他參數與原始粉絲很相似，他們或許不是衝浪迷，也可能沒瀏覽過網站，但會這麼做的機率很高。他的團隊把這群人區分成不同的瞄準組別，並發送與核心推廣宣傳活動相關的類似活動給他們。

格林伯格的團隊發現，接觸到的人距離核心與核心增強群眾（後者這一群人的關注興趣和特質與核心受眾相似，但又不是核心受眾）愈遠，就算很喜歡某項內容，也不太可能採取行動進來觀賞衝浪比賽。因此，他的團隊要非常小心。當他們發現觸及的群眾類似或根本就是核心客戶時，就是最好的目標。有更多人按讚的確很棒，但要能真的轉化成某種行動，重點是要鞏固透過數據找到的群眾。

臉書平台替世界衝浪聯盟帶來很多新粉絲。由於臉書規模大，聯盟也集結到少了臉書根本不可能觸及到的群眾。臉書讓聯盟能掌握數據，對新受眾測試產品與內容，從而帶動新的支持者來到各個由他們擁有與經營的網站。格林伯格的團隊打造出一部引擎，可以掌握新的粉絲，並以商品訊息、節目預告訊息或是下載應用程式訊息來重新鎖定他們。聯盟因此受益匪淺。

有趣事實：超精準瞄準可以騙到火箭科學家

如果你真的精通設定瞄準受眾這件事，你大概可以觸及臉書上的每一個人。FabFitFun的大衛・吳曾對我說過一件往事，關於他如何騙到噴射推進實驗室（Jet Propulsion Laboratory, JPL）的人；這是一個位在加州的拉加拿大石嶺市（La Cañada Flintridge）與帕薩迪

2. "關於 Facebook 像素," Facebook for Business, https://www.facebook.com/business/help/742478679120153.

那市（Pasadena），由美國聯邦政府提供資金的研發中心兼美國太空總署（NASA）實作中心。大衛．吳有次去到那兒演講，談如何使用臉書的數位行銷與超精準設定（hypertargeting）；超精準設定會發送精確設定的訊息給非常具體的群眾。如果你覺得聽起來很耳熟，是的，這就是本章稍早提到的一種瞄準方式，瞄準極特定的年齡、性別、地點、語言、學歷、關注興趣與工作職場等人口統計特質。

去演講之前，大衛．吳先做了一個小小的實驗。他在臉書上做了幾則假廣告，瞄準的對象是半徑二十英里內任何任職於噴射推進實驗室的人。一則廣告上面寫著「要去火星生活嗎？」廣告上有一部探測車，上面有個問號。另一幅廣告上面則說：「未來火星探測車計畫的募資方案取消了嗎？」

他做了十款不同版本的假廣告，各有標題與畫面。他也聽到一位友人說，噴射推進實驗室裡會戲稱在裡頭工作的人為「花生」，因此，他做了一個登入頁面，當人們點擊廣告時，就會被導引到這個頁面來，上面寫著「花生社群最新消息」，並設置了一個從他的演講日開始倒數的計時器。

大衛．吳花了兩美元做這些事，點閱次數約為十次。四名科學家甚至註冊了自己的電子郵件信箱，加入他設置的收件人清單中。演講中，他說出他做了哪些事（但模糊帶過姓名，免得讓任何人感到尷尬），結果，噴射推進實驗室裡有兩位資訊科技人員站起來，說：「最好不要變成你們這種人。」

故事的重點是，臉書廣告平台的超精準瞄準能力，有可能騙到聰明的火箭科學家。因此，如果你知道你的受眾是哪些人，無論是在臉書或任何提供類似精準設定的地方，你都能有很好的成效。

要點提示與複習

- 瞄準目標有兩種策略：

 (1) 如果僅有單一焦點、想要受眾做出特定行動（如點選、購買或註冊），瞄準確切的人口統計特質是很好的策略。

 (2) 如果你能創作出讓很多人分享出去的內容，可以善用測試的策略，找出會替你分享內容與品牌的支持者群眾。

- 如果你難以創作出讓大家樂於分享的內容，焦點也僅侷限於引發直接回應的行銷活動（例如銷售特定產品與服務），利用瞄準檢核表採行範疇比較狹隘的瞄準方式，是最好的起點。探索你的群眾具備哪些個人特質，包括性別、年齡、你期望他們採取的行動、地點、關注興趣與生活方式等等，描繪出群眾的模樣。

- 如果你正在推行廣泛的活動，試著要打響知名度，一開始請鎖定大範圍，看看臉書的演算法會把你的活動推向何方。目標受眾廣泛一點，通常可以壓低你在競價中的成本。

- 使用谷歌分析以及臉書洞察報告等社交媒體數據，幫助你挖掘出和目標受眾有關的數據。
- 針對現有的粉絲群分析他們過去的下單行為並進行調查，幫助你判別誰和你的內容、產品以及品牌最能起共鳴。
- 如果你有優質內容，那推廣活動的優先目標應放在貼文互動或影片點閱率上；如果你只是想要銷售產品，且只有一般品質甚至中下的內容，那麼，可以帶來轉換的廣告就是重點。
- 針對大量不同的目標群體做測試。
- 不要假設你知道受眾是哪些人；要容許自己去發掘新的目標群體。
- 用新內容重新設定目標，瞄準和原始內容有互動的人。
- 尋找符合你的期望、會直接轉化為行動（如分享或點選）的人群，並打造出與他們相似的受眾。

- 除非你真正將內容放到真實世界、看看誰有回應，否則，你便無法百分之百確定誰是你的受眾。

第三章

為大眾選擇訊息

一旦你培養出追蹤者，並清楚你的主要受眾是哪些人，你必須創作出好內容讓他們持續投入，讓追蹤者想要看到更多，並契合他們的關注興趣，讓他們以最快的速度幫你把品牌分享出去。

這是確保你的訊息持續出現在群眾的社交媒體饋送中，最好的方法。如果無法獲得積極主動的參與，建立追蹤者就毫無意義。創作出好內容是重要關鍵，能藉此抓住人們的注意力，並讓他們想要和社交媒體上的朋友與人脈分享。

了解如何建構訊息是成功的要件。如果你說的話得不到群眾的注意，無法讓他們和你的內容互動，那麼，你為了打造群眾所投入的一切就都白費了。得到粉絲還不夠，你要持續讓他們著迷；不斷擴大受眾與社交媒體上的追蹤者，是很重要的事。

雖然我無法具體告訴你對你的品牌最好的訊息是什麼，因為每個人的需求各不相同，取決於目的與目標市場，但我可以提供指引，幫助你了解如何替自己選擇最好的訊息。遵循這些簡單的方針，你就會知道如何立刻從雜音中脫穎而出。

找到你的亮點

要分享動人的資訊，你需要一個獨特的亮點：這是能讓你脫穎而出、抓住群眾注意力，並讓他們意猶未盡的東西。了解你必須提供哪些價值，是很基本的練習。

什麼才是強固的亮點？提摩西．費里斯（Timothy Ferriss）為他的著作《一週工作四小時：擺脫朝九晚五的窮忙生活，晉身「新富族」！》（*The 4-Hour Workweek*）選擇書名時所做的一切，正是絕佳的範例。費里斯有個概念和想法，他能賦予這個世界一個全新的價值觀，但他需要一個「亮點」吸引人們願意關注他的訊息，讓自己脫穎而出。如果他沒找到一個簡潔、能促動想法的訊息，他的書就不可能成為暢銷書。一星期工作四小時的新鮮概念，正是抓住人們注意力的亮點。

書中的概念不具任何革命性，也不新穎，但是費里斯有能力把這些想法和一星期只工作四小時包裝在一起，這就是觸動人們興趣之處。一星期工作四小時是一種實際的生活風格景象，人們想要，卻又不知如何辦到。這點吸引了大眾，讓人們想進一步了解這個誘人又有趣的提案。如果費里斯取的書名是《費里斯之減少工時指南》（*The Tim Ferriss Guide to Working Fewer Hours*），吸引力就沒這麼大了。反之，他去思考，對他想要吸引的群眾而言，什麼東西才能引起共鳴，以及要用哪些字眼才能抓住他們。他去找他們想要的，且不將重點放在自我推銷上。

透過一個引人入勝的方式來解釋他的書，並經由創造出一種生活方式的想像作為選項，藉此得到眾人的關注。

光是談自己、說明你在做什麼，這還不夠；很多人也具備你所擁有的技巧。你必須找出讓你和你的產品或資訊獨一無二、且與他人的生活息息相關的亮點。

是什麼讓你所做的事與眾不同？你如何讓它對別人來說也很重要？你必須想出簡潔、能攫取注意力的方式去傳播你的資訊，且要具關聯性。你必須將自己與即時、有趣並滿足受眾需求的主題相連結。亮點就是會讓人們停下來關注你的地方。

找到你的標題

以下是一個我很喜歡的演練，用來和客戶一起找到他們的亮點：想像某家大型雜誌或報紙要用封面故事來報導你或你的企業。現在試想一下，有位潛在顧客正從大街走過，剛好經過一個書報攤。什麼樣的標題會抓住他的眼球，讓他停下來買份報紙或雜誌讀你的報導？你一定要確認自己有站在顧客的角度去想。你得真的誠實思考哪些因素才能讓別人停下手邊的事，關注你的訊息。

請記住，每天發送出去的訊息多達六百億則，你需要亮點助你**脫穎而出**。

標題在各種產業中都很重要。一九九九年的電影《厄夜叢林》（*The Blair Witch Project*）之所以大為成功，正是因為電影幕後的行銷人員懂得如何慎選標題。他們的行銷活動只圍繞在一個概念上：這是一個真實故事；這點抓住了人們的注意力，使得眾人想進一步了解。

文案寫著：「一九九四年十月，三名拍攝紀錄片的學生失蹤了，消失在馬里蘭州的柏萊克山丘（Burkittsville, Maryland）附近……一年後，有人找到了他們拍攝的影片」；「你聽說的都是真的」；以及「有史以來最恐怖的電影是一起真實事件」。這些標題（或者，以電影術語來說叫宣傳標語）魅惑了觀眾的想像，鼓動了他們對「究竟發生了什麼事」的好奇心。太多人想知道這部電影到底是不是真實故事，這點誘使他們去一探究竟。同樣地，「消失的拍攝者」這個想法所激發出的恐懼感與好奇心，觸動了人們的情感，讓他們覺得自己身歷其中。

二〇〇七年的《靈動：鬼影實錄》（*Paranormal Activity*）宣傳標語也很棒：「在你睡覺時發生了什麼事？」這是個能抓住人們注意力的概念，因為大多數人對這個問題感到好奇，也曾經如此自問過。如果你的標題問的是群眾已經自問過的問題，就會是強而有力的標題。

好標題能脫穎而出。好的新聞標題範例如下：「真相會傷人：百萬美元電競」。這句話引人注意，是因為「真相會傷人」很具體、簡潔，而且引發了情緒反應。這句話加上「百萬美元電競」，就激出了興趣，因為對多數人來說，金額高達百萬美元的電競獎金前所未聞。這樣的標題，會讓許多人至少看五秒鐘的影片或稍微讀一下文章。這標題和人們的生活息息相關，而且戳中他們的需要、想望與渴求。

還有一條強而有力的標題：「白金漢宮消息：警方在逮捕持劍接近白金漢宮的男子時負傷」。這之所以會引起你的注意，是因為並非每天都會有個男子拿把劍攻擊人群。這是特殊事件，而且事件裡有皇室／名人成分，探及人們對於未知的恐懼，激發興趣，同時抓住了注意力。

現在，你開始比較清楚什麼樣的標題有用了，讓我們來看看一個成效不彰的標題：「川普遭受嚴厲批評」。這樣的標題非常含糊，不會讓你真的想要點進去看（除非你非常執著於清楚川普總統〔President Trump〕的一舉一動，那就另當別論）。要改進這個標題很容易，只要用下列其中之一取而代之即可：「川普明年會遭彈劾的五大理由」、「穆勒（Mueller）報告新的詳細內容指向川普終將遭彈劾」或「穆勒調查報告揭露川普國際業務交易的震驚內幕」。

標題A／B測試

一旦你清楚你想要傳達的資訊是什麼，就可以利用A／B測試找到最有效的傳播方式。目前你的狀態或許是知道自己能提供什麼，很清楚自己的價值，但仍不確定什麼才是最吸睛的方式，讓你的訊息能抓住人們的眼球；這就是我的系統能著力之處。你可以拿自己的核心訊息，互相對照做測試，即時判定哪一個表現最好。

要確定你的標題能引人入勝，請在臉書上對照不同版本做測試。你要有A版和B版，且讓我們回到「一週工作四小時」的範例，以了解如何測試標題。

費里斯購買了谷歌關鍵字廣告（Google Ads）來測試他的書名和封面，這非常聰明，也是他的書能暢銷的原因之一。[1]但是，這是在臉書開發出周密且詳細瞄準的選項之前的事。如果費里斯當時使用的是我目前的系統，會如同吞下大補丸，愈加如虎添翼。

一開始，我們要先選定目標市場，比方說介於十八到二十五歲說英語的男性、居住在北美或歐洲，並且對於創業有興趣。我們要在A版本（《一週工作四小時》）中設定這些參數，然後在B版本（《費里斯之減少工時指南》）中複製一次。即時對照這兩組書名做測試，我們可以收集到一些有趣的資訊，知道哪個訊息比較能抓住人們的注意力。

臉書平台很適合做這種測試，因為你能非常具體地應用特定的數據做測試，並且知道你在測試中要瞄準誰。你可以針對不同的性別、年齡、特定興趣（看電影、閱讀、熱愛藝術與車子）、數位平台類型、年收入、財富淨值和購買行為等項目會激發出哪些迴響來查核特定訊息，也能從中收集到非常具體的數據，可以用來變更你的訊息、活動，甚至你銷售的產品。

你能確認哪些人和你的訊息有共鳴。你也可以在不用花太多錢的前提下就得到好結果。少少十美元，就可以得到大量的寶貴資訊，幫助你針對自己的需要，找到最有效的訊息傳達方式。

1. Cory Doctorow, "HOWTO use Google AdWords to Prototype and Test a Book Title," *Boing Boing*, October 25, 2010, https://boingboing.net/2010/10/25/howto-use-google-adw.html.

溝通心理學

很多時候，分享的內容並不比其中的脈絡重要。要讓內容發揮最大效益，你必須成為出色的溝通者。社交媒體在設計上是一種雙向溝通，溝通的目的永遠是要觸及你想溝通的對象。傑夫・金恩是行為觀察工具「流程溝通模式」的專家；流程溝通模式是一項能讓你用更高效的方式進行溝通的工具，當我和全球許多大企業在創作內容並與他人溝通時，這套工具發揮了極大的影響力。流程溝通模式在一九七〇年代由塔伊比・卡勒（Taibi Kahler）所創建，許多成就非凡、極富影響力的人都用過，包括美國前總統柯林頓（President Bill Clinton）、太空總署甄選太空人的官員，以及皮克斯動畫工作室（Pixar Animation Studios）的製作人。

金恩說，當他在研討會中闡述流程溝通模式時，一開始一定會先說明溝通的重點不在於你（指著他自己），而在於**你**（指著群眾裡的某個人）。溝通真正的用意，是把資訊傳達給你想傳達的人。要能有效觸及對方，你要說他們懂的語言。流程溝通模式助益極大，因為這可幫助你評估你要溝通的對象使用的是哪一種溝通風格，協助你量身打造訊息，讓需要收訊的人可以輕鬆明確地聽到。經驗告訴金恩，我們的溝通方式通常很自私，多半想著自己要如何表達，很少考量到接收訊息的那方，這是錯誤的。如果我們希望他人清楚收受我們的訊息（然後，把我們的訊息傳得更遠），就需要跨越自我，真正與對方搭上線。流程溝通模式就是一套可以幫助我們達成這點的工具。

我看到一般犯下最嚴重的錯誤、以及我和客戶合作時幫忙修正的最大問題，就是他們常憑藉自身對世界的認知來創作內容，未能體認到很多人其實是以不同的觀點看世界，他們的訊息因而無法清楚傳播出去。針對受眾開發內容時，一定要確認你不只是為了自己而創作，你需要從群眾的觀點出發、檢視內容。花點時間思考你的受眾對於內容或訊息可能有的想法，這也是流程溝通模式能發揮作用之處。

金恩解釋道，內容必須先和人們搭上線，之後他們才會和別人分享。不同的人會以不同的方式建立連結。透過感覺來感知世界的人，會分享他們覺得很棒的內容。透過邏輯認知世界的人，則會對那些向他們闡述道理的人做出良好的回應，最讓人點頭稱是的，才會是他們選擇分享出去的內容。

流程溝通模式裡有六種人格類型：思考型（Thinker）、堅持型（Persister）、調和型（Harmonizer）、想像型（Imaginer）、叛逆型（Rebel）和促動型（Promoter），每種人格都以不同的方式體驗世界。思考型透過想法來感知世界，**邏輯**就是他們的流通貨幣。堅持型透過意見來感知世界，**價值**是他們的流通貨幣。調和型透過情緒來感知世界，**仁心**是他們的流通貨幣。想像型透過不作為來感知世界，**想像力**是他們的流通貨幣。叛逆型透過回應來感知世界，**幽默**是他們的流通貨幣。放在最後、但重要性不亞於其他的是促動型，這些人通常強而有力，他們是以行動來感知世界，**魅力**是他們的流通貨幣。我們每個人身上多多少少都有以上所有人格類型，但與生俱來的那種基本人格類型，一生都不會改變。

讓我們試著替汽車廣告寫文案。金恩說明了他如何使用流程溝通模式來建構內容，以求務必傳達出最清楚的汽車訊息，並將訊息包裝成對每一種人格而言皆具意義。金恩建議的書寫內容如下：

> 想像一部車。這部車一加侖汽油可以跑五十英里。與同級車型相較之下，這部車的耗油率是最低的。我們相信這部車可以爲關心自己荷包的顧客帶來更

高價值。說到底，這是市場中最出色的車。這部車給人的感覺很好、外型也亮眼，開著這部車你會感到非常舒適自在。你的朋友們一定也會想要跟你一起出門，因爲這部車棒透了。

現在，讓我們細分哪一句話是針對哪一種人格類型的人所說：

- 這些話用的是**邏輯**，說給思考型聽：「這部車一加侖汽油可以跑五十英里。與同級車型相較之下，這部車的耗油率是最低的。」
- 這些話用的是**價值**，說給堅持型聽：「我們相信這部車可以為關心自己荷包的顧客帶來更高價值。」
- 這些話用的是**魅力**，說給促動型聽：「說到底，這是市場中最出色的車。」
- 這些話用的是**感覺／仁心**，說給調和型聽：「這部車給人的感覺很好、外型也亮眼，開著這部車你會感到非常舒適自在。」
- 這些話用的是**幽默**，說給叛逆型聽：「你的朋友們一定也會想要跟你一起出門，因為這部車棒透了。」

如你所見，這段廣告被書寫來和每一種人格類型對話（想像型除外，因為在這種情境脈絡比較難和他們搭上線）。用這種方式思考，你可以接觸到非常廣大的群眾並和所有類型的人對話；內容要先跟人搭上線，他們才會和別人分享。透過**感覺**感知世界的人，會分享讓他們覺得美好的內容。透過**幽默**感知世界的人，想分享的是也能讓朋友們開懷大笑的內容。最能和人們對話的內容，才會是他們選擇分享出去的內容。

如果你了解你的受眾如何感知這個世界，並將這點納入你的溝通風格當中，將能大力幫助你發展內容。金恩表示，要觸及大多數的人，最好的辦法就是著重在**感覺／仁心**上，這也代表與調和型對話，這類人在北美占了三〇％；使用**邏輯**，是在和思考型對話，這類人占了二五％；使用**幽默**，是和叛逆型對話，這類人占了二〇％。金恩建議把重點放在這三類人身上，就可以創作出能觸及非常廣泛群眾的內容了。你可以用這種方法量身打造內容，讓最多北美人士能真正聽到、理解，並與你的訊息互動。

流程溝通模式強力又有效，就連最高階層的政治人物都愛用。一九九六年美國總統大選有一個關鍵轉折點，就是柯林頓在一場重要辯論中贏了老布希（George Bush）。金恩說，辯論期間，有位女士問到兩黨要如何幫助像她這樣的人：她的家庭難得溫飽，活在貧窮當中。布希回答問題時運用的是想法和邏輯、價值和意見；然而，這名女士是以感受和情緒來感知世界，所以她無法和老布希的答案產生連結。另一方面，柯林頓馬上掌握到她的溝通方式，回答前先與她這個人交流，他說：「我對妳的痛苦感同身受。」他和她在很深刻的層面搭上了線，他看出她是個感覺導向的人（一如三〇％的北美人民）。透過這些字眼，他馬上贏得這群人的信任，並讓這位女士（以及和她一樣的人）覺得被了解、被聽見。

柯林頓素以精通流程溝通模式技巧聞名。金恩表示，這套工具助他成為美國總統，因為他著重於在演講中納入感覺、邏輯與幽默。人民或許不認同柯林頓所有的意識形態，但大多數人認為他是名出色的溝通者，而且能直接和人民對談。他深入研究這套技巧，知道如何用極快的速度識別對方的人格類型。而且，當他面對著一大群人演講時，他絕對會用上所有的流通貨幣。

請記住，重點不見得永遠都在內容，有時候更在於你呈現內容的脈絡情境。請好好建構你的資訊，無論對方用什麼樣的方式感知世界，你都要能與之建立連結。用不同的方式傳播同樣的資訊，能讓內容觸及到最多人，況且，你懂的，也能得到更多你渴望的關注。（開玩笑啦。請記住，重點在於給予。請告訴我你剛剛有在注意聽我說。）

具關聯性

在思考如何設計標題以及要分享哪些訊息時，你可以跟從某些趨勢。如果大家對內容不感興趣，標題再好也無用武之地。你必須找到方法掌握你所要提供的，並與已見效的元素做連結，讓內容更可親。受歡迎、讓人願意分享的內容通常可分為五類：

一、勵志性、啟發性與「有爲者亦若是」類
二、政治類／新聞類
三、娛樂類
四、喜劇類
五、寵物類

無論你的品牌和這些內容類型是否直接相關，都可以妥善運用，將其變成優勢。當你找到竅門把你的訊息連結到已經蔚為流行的訊息時，將能提高點閱率與分享次數。你得分析自己的核心訊息、亮點，並將你的具體訊息和流行趨勢搭上線。

當我在建立粉絲群時，就大大應用了帶有勵志色彩以及「有為者亦若是」類型的內容。我要傳達的訊息是，以更高效的方式培養追蹤者並善用社交媒體，我將這點與幫助人們追逐夢想做連結。把訊息與人們的夢想相結合，就能更有效地捉住人們的注意力，比起單純宣揚「這是善用社交媒體的最好方法」來得好。一旦我擁有百萬追蹤者，亮點就變成「三十天內從零到百萬追蹤者」。運用這個亮點，我在臉書上進行一場影片推廣活動，六十天內收到超過五千封的招募函，全世界各地都有人想聘用我，以了解如何建置我的這套系統。

我也用了一些政治導向的內容，連結到我以流程溝通模式為主題所做的播客。我的訊息無關政治，我並非政治參與者，但我知道，當我在播客訪問傑夫·金恩，暢談流程溝通模式時，從政治角度切入，會為內容增添強而有力的亮點。我們把這項訊息連結上希拉蕊·柯林頓（Hillary Clinton）與川普之間的競爭，這是當時很多人津津樂道的話題，對此十分熱中。我們把流程溝通模式與傑夫・金恩這個組合連結到與人們的生活息息相關、蔚為話題的事件上，內容立刻變得更可親了。

在推廣這項資訊時如果只是說：「流程溝通模式是一種行為心理學，可幫助人們以更高效的方式溝通。」那就太籠統無趣了，沒有人會多加注意。反之，我掌握住訊息，然後參照人們會感興趣的不同流行文化並予以連結。訪談金恩時，我肯定也會請他談一談幾位知名人士與政治人物各屬於哪些人格類型。我用的標題是「大發現！湯姆・克魯斯（Tom Cruise）、李奧納多・狄卡皮歐（Leonardo DiCaprio）和川普竟是同類」。這種標題比平鋪直敘說「流程溝通模式是一種有用的溝通方法」更能引人注目。

▼ 你可以明確看到我如何將相關性與主題性連結到流程溝通模式，以下位址可以聽我的播客訪談：www.optin.tv/jeff-king。你也可以在我的臉書粉絲專頁上點閱我們利用本次訪談製作出的影片：www.facebook.com/BrendanJamesKane。

幾乎任何資訊都可以找到對應的流行元素，即便你的資訊本身就是前述五個類別之一，也務必要對應搭配。我有位名叫史蒂芬妮・巴克利（Stephanie Barkley）的友人，她是一名喜劇演員，同時也是Instagram上具影響力的知名網紅。她以總統夫人梅蘭妮・川普（Melania Trump）為主題製作了一齣諷刺劇，藉此大力自我推銷並傳達她極具喜劇能力的訊息。史蒂芬妮仍在壯大自己的粉絲群，因此，她需要創作出讓人投入、具娛樂性的內容，讓尚不知她有哪些作品的人們注意到她。如果她用的標題類似「史蒂芬妮・巴克利製作的出色喜劇小品」，這樣的訊息距離多數人的生活太遠，相關性也不高，無助於她培養追蹤者，唯有死忠粉絲會有感。然而，換成「梅蘭妮・川普對於和川普共度人生的真心話」就能抓住更多人的注意力。

有一件事我強調再多次也不嫌多：數位平台上每天發送出的訊息高達六百億則，你必須脫穎而出。不過，好消息是，在這六百億則訊息中，大多數都沒連結性且相當無趣，這給了你優勢。善用這一點，讓你的訊息具連結性，創作出讓你的受眾感興趣的訊息。

要感性

在創造內容時，另一個你該自問的問題是：「內容能否激發出群眾的情感？」任何能喚起群眾情緒反應的內容都很寶貴。創作內容與思考訊息時，請自問所闡述的是否能讓人大笑、哭泣、微笑、憤怒、覺得受到激勵，或產生強烈意見。感性的訊息與內容才能讓別人分享出去。如果內容能打動群眾的內心，便更有機會讓他們做出外顯的行動，和別人分享。

社交身價（social currency）的概念也和「感性」這件事有關。約拿・博格（Jonah Berger）二〇一三年的書《瘋潮行銷》（*Contagious*）裡談到心理學如何解釋什麼因素會影響人的行為，說明如何促使人去分享訊息，並引介了社交身價的概念。社交身價是指我們會分享特定內容，乃因這些素材適切反映出自己。我們認為分享這些內容會顯得自己較聰明，同時對別人有幫助。

美國網路新聞媒體公司 BuzzFeed 套用社交身價的戰術，推廣旗下品牌美味頻道

（Tasty）的臉書粉絲專頁，並大獲成功。二〇一七年九月，美味頻道的主要臉書粉絲專頁是臉書上第三大的影片帳戶，影片點閱率將近十七億次。美味頻道製作教學性的食譜實作影片，讓人們經由看影片學習烹調美食。粉絲分享影片時，自覺是在幫助朋友學習如何烹調美食，進而為他們的家人和朋友帶來歡樂。由於分享了對多數人有價值的主題資訊（幾乎人人都愛美食），他們因而自認自身具有分量。人們之所以快速分享內容，是因為這會提高他們的社交身價。

討論演員比爾·派斯頓（Bill Paxton）之死的相關文章也廣受眾人分享，如此的行為同樣說明了社交身價戰術的效果。論及他過世的文章勾起了強烈的情緒反應，很多人都在分享相關資訊。有些人分享是因為這件事太讓人感傷，有些人則認為分享出去有助於提高自己的社交身價：成為第一個通知全世界比爾·派斯頓死訊的人，這能帶給他們優越感。

基於某些原因，「名流之死」的主題可以為你的傳訊策略帶來極大助益，但運用時得恰當。有次，我負責建置一個提供資源信息的網站，用來幫助治療藥物與酒精濫用者。這不是一個吸引人的議題，一般人通常尷尬以對，不想和藥癮、酒癮有所關聯。這種內容通常很難讓人按讚或分享，但我找到一個辦法讓它變得可親，也讓大眾願意分享。

將名流之死與「藥物和酒精濫用」做連結，並討論某些正在苦苦掙扎於對抗癮頭的名人，藉此把這類重要且有用的資訊轉化為讓人願意分享的內容，並將資源信息連結到搖滾巨星克里斯·康奈爾（Chris Cornell）之死，也提到某些卡戴珊家族（Kardashian）成員正在對抗藥物與酒精濫用問題這件事。

我以名人角度切入引來注意力，讓人們進入這個網站。他們之前可能在某處讀過這位高知名度歌手的蜚短流長，但我的文章裡有些實質的東西，裡面的資訊講到如果你或你認識的人正在對抗毒癮的話，應該怎麼辦。人們來讀這些內容是為了娛樂（我很確定，有很高比例的讀者看不到娛樂性背後的價值），卻也有為數不少的一群人，帶走了某些和藥物與酒精濫用相關的有用建議。編寫在裡頭的資訊會引領他們反覆思考，或許，還能就此找到方法幫助家人、朋友，甚至是正處於此問題中掙扎的自己。

同樣的，外面有大量關於藥物與酒精濫用的資訊，這不是一個新主題，打造出傳訊策略幫助訊息脫穎而出，並賦予它一個可以抓住人們注意力的亮點，才是關鍵所在。這樣的訊息會變得與愈多人息息相關。

◆ 你可以在臉書上搜尋現正流行的主題，並從這些訊息當中學習。當紅的主題可以幫助你選擇何時要分享哪些內容，並給你範例、讓你了解怎樣的標題可以引發興趣。這些資訊可以幫助新資訊切入特定角度，讓你的內容串連到已經引發興趣的主題。

＊＊＊

凱蒂・庫瑞克案例研究

凱蒂・庫瑞克（Katie Couric）曾經找我商量過一個問題。當時，她運用以電視優先的傳播模式，已經打造出非常成功的事業。突破藩籬的她，成爲第一位在晚間新聞獨挑大樑的女性，再加上二十餘年的電視台黃金時段節目經驗，比方說《今日秀》（*The Today Show*）、《NBC夜間新聞》（*NBC Nightly News*）、《CBS晚間新聞》（*CBS Evening News*）《ABC新聞》（*ABC News*）等等，讓她成爲美國最重要的新聞工作者之一。凱蒂每天可以觸及幾百萬人，她的粉絲早已訓練有素，總是在同一時間接收她提供的內容。他們知道每天早上當他們準備展開一天的開始時，會有凱蒂的身影相伴。凱蒂是他們的例行公事之一。

但，二〇一三年時，凱蒂改弦易轍，和雅虎（Yahoo!）締結合作關係。凱蒂是數位先驅者，還在《今日秀》任職時就已經擁抱社交媒體，但她仍覺得自己被強推進以數位平台優先的策略中，完全改變了她和粉絲之間固有的關係。也因如此，粉絲不斷對她說他們很難找到她的報導。粉絲再也沒有接收資訊的特定時間，也很難找到凱蒂的蹤跡並與她建立連結。

初次會面時，凱蒂問我能做些什麼來解決這個問題。她需要即時方案。我問她下一場的訪談是何時，她回答：「兩小時後。」我說：「太棒了！我們有很多時間可以想出一套策略。」她要專訪演員伊莉莎白．班克絲（Elizabeth Banks）。我花了幾分鐘，說明我們需要找到主題，在特定群眾之間激發出強烈的情感反應，讓他們願意用極快的速度與同儕分享她的內容。

伊莉莎白．班克絲演出《飢餓遊戲》（*Hunger Games*）和《歌喉讚》（*Pitch*

Perfect）等系列電影，也是一位勇於發言的女性主義領袖者，因此，有一些可以作爲訪談核心的具體主題。我們整理了一些問題，這些是最可能在關心相關主題的粉絲身上激發出強烈情感反應的題目。從這裡開始，我們把每一段訪問剪成三十到九十秒的短片，並針對每一段短片製作了五十到一百個版本，然後在臉書上拿這些版本互相對照，進行A／B測試，看看哪些群眾會用最快的速度把哪些版本的短片分享給同儕。以《飢餓遊戲》爲核心製作出來的內容，就推給《飢餓遊戲》的影迷。我們也替《歌喉讚》的影迷以及女性主義支持者製作了專屬的內容。這麼一來，就算原本不是凱蒂．庫瑞克粉絲的人也會產生一定的興趣，願意分享凱蒂這個品牌。一旦分享率達到一定程度後，我們就能說：「嘿，聽我說，如果你喜歡這段伊莉莎白．班克絲談《飢餓遊戲》的短片，何不來雅虎看看完整專訪？」這套策略，是以特定議題、名人以及新聞報導爲核心來運用死忠粉絲，由他們替凱蒂分享內容，這不僅可以觸及凱蒂的核心粉絲群，也可以讓新群眾看到她的內容。用這種方式細分，替凱蒂以及雅虎這兩個品牌同時創造出大量的曝光度。

在之後的六個月內，這套公式用在凱蒂所有的專訪上，創造出超過一‧五億次的點閱，社交媒體上的分享次數提高了二〇〇%，也替雅虎省下幾億美元的開發流量成本。她的電視專訪一般只能觸及到幾十萬觀眾，利用這套策略，如今每一場訪談平均會有超過百萬次的點閱。表現最好的那次訪談邀請的來賓是布蘭登‧斯坦頓（Brandon Stanton），他是攝影部落格〈紐約的人〉（Humans of New York）創辦人。光是這場訪談，就有超過三千萬的點閱次數，分享次數超過三十萬次。其他以名人和公眾人物爲主角的成功訪談包括ＤＪ卡利（DJ Khaled）、美國前副總統喬‧拜登（Joe Biden）、飾演神力女超人的演員蓋兒‧加朵（Gal Gadot）、演員布萊恩‧克萊斯頓（Bryan Cranston）、作家狄巴克‧喬布拉（Deepak Chopra）、饒舌歌手錢塞勒‧本內特（Chance the Rapper）、揭露美國政府監聽人民的前中情局員工愛德華‧史諾登（Edward Snowden）、知名DJ史奇雷克斯（Skrillex）和演員潔西卡‧雀絲坦（Jessica Chastain）。

我們每個月把幾百萬人拉進雅虎看凱蒂的專訪。當人們在街上遇見凱蒂時，會走向她、對她說，他們又能看到她的報導了。

爲何這套流程會成功？短短十六個月內，我們以兩百個訪談片段爲基礎，測試超過六萬個內容版本。我經常要凱蒂不可特別鍾愛任何片段，如果某場訪談效果不好，我們就去找出數據，看看到底爲何無效，以便在下一次改進。利用這套機動敏捷的訊息傳播方式，我們很快就知道，從最高端來說，哪些作法用來整合凱蒂的內容與品牌時有用、哪些沒用。我們從每一次訪談當中學習，發展凱蒂的內容與傳訊策略。我們找到一個施力點，確知要訪談誰、談什麼主題以及涵蓋哪些題材，甚至要問哪些具體的問題。最後，我們的內容策略讓凱蒂的內容很快就能得到調整，從過去習慣的、優先供電視使用模式轉型爲供數位平台優先使用，這一切都是因爲我們找出了什麼才是重要的訊息。

＊＊＊

現在換你了。請吸收前述的資訊，套用到下一次你創作的內容當中。找到方法把你的訊息和已經流行的東西串在一起，讓人們對於你正在做的事感興趣。

要點提示與複習

- 要知道哪些因素讓你獨一無二，藉此定義你的亮點。
- 選擇好的標題，要具體且有相關性。
- 調整內容以契合群眾已經感興趣的東西。
- 把不同的標題拿來互相對照做A／B測試，去找到最相關且最有用的東西。
- 利用心理學與人類行為模式，將你的訊息明確地傳達給不同類型的群眾。用群眾能理解的方式說話是關鍵。請記住，根據流程溝通模式，把重點放在**邏輯**、**幽默和情緒**能讓最多北美民眾產生共鳴。
- 找到適切的訊息，能讓群眾自問他們以前問過自己、曾經思考過但還沒有答案的問題。
- 決定你的訊息是勵志、政治、喜劇、娛樂還是寵物導向，可以善用「社交身價」概念替你的內容引來注意力。
- 創作能挑動人們情感的內容和訊息。
- 要知道臉書與網路上有哪些流行主題。

第四章

透過社交平台測試微調

我們已經討論過、也清楚說明「測試」在我的系統中有何重要性。本章要續談測試的重要，以及數位領域裡某些頂尖人士用來做測試的策略和方法。如果你的內容無法引發迴響，請繼續測試與努力，直到你找到能達成目標的內容。凱蒂．庫瑞克也說過：「我從布蘭登身上學到最重要的一件事，就是要靈活。」如果某些方法無用，沒關係，你只需要從中學到心得，並在這裡轉折。

我希望你養成不斷測試的習慣：觀察群眾的反應，並即時知道他們如何與你的內容互動。分析結果能幫助你理解內容策略的效果，透過這種方式，你就能創造出立即的回饋圈。得到分析與數據是一回事，從中有所領悟又是另一回事，你需要看清楚並誠實地面對自己。如果某些方法沒用，不要因此被打倒而感到沮喪。去檢視，並自問：「為什麼這麼做沒用？為什麼那則內容被分享了一千次，但這則只被分享了一次？」有用與沒用的都要分析。通常你可以從提出長、短期內容策略假說開始。觀察哪些內容可以鼓勵人們參與、追蹤你的專頁、分享你的內容與購買你的產品等等。我們在第一章也討論過，可以把臉書廣告平台（這同時也搭配了 Instagram、WhatsApp 和臉書訊息）當作市場研究工具，以便真正了解哪些因素才會讓某個人做出某些特定行為。

測試的價值

測試並非新觀念；從科學家到企業主，每個人都在做測試，精密的實驗甚至是愛迪生（Thomas Edison）能成功發明燈泡的關鍵。換作現代，測試則是臉書的祕密武器。事實上，媒體網路公司（Medium.com）的一篇文章指出，臉書通常會針對一萬種不同版本做測試，看看哪一種對用戶來說最有效。創辦人馬克·祖克柏（Mark Zuckerberg）說，這種實驗法正是他的公司能成功的決定性策略。[1]

測試的基本原理來自科學，科學測試的方法是「理論、預測、實驗與觀察」。在商業界，這套模式細分為「計畫、執行、查核、行動」。在我的系統中，則是「假說、測

1. Michael Simmons, "Forget Practice —— Edison, Zuckerberg, and Bezos All Show the Secret to Success Is Experimentation," Business Insider, January 4, 2017, https://flipboard.com/@flipboard/-edison-zuckerberg-and-bezos-follow-the-/f-9637670253%2Fbusinessinsider.com.

試、轉折」。基本上，萬變不離其宗。不管要做什麼事，這都是有效的流程。

FabFitFun 的大衛．吳說，想要成長就一定要做測試。他力促企業建置系統與流程，以便在衡量和觀察後精準行動，需要多少次就做多少次。他的企業會在自家網頁與社交媒體平台上測試一切，即便是小細節也不放過，比方說圖片和配色（廣告與登陸頁面的設計）、按鍵的風格、標語以及要請用戶填寫的表單數目。

把你自己想像成學生。成功人士願意失敗並從中學習，這是人生最基本的過程。雖然累積出百萬追蹤者是一個抽象概念，但大衛．吳說，這和學走路沒有多大差異。人一開始學走路時都會跌倒，在培養百萬追蹤者、開發一億名客戶或賺取一億美元營收時，我們也必須不斷跌倒，直到學會該怎麼做。你必須建構一套嚴格控制的流程，一再、一再地重複做測試。這就是各行各業成功人士的作法；他們不斷測試與學習，並將學習當成養分。

大衛．吳相信，這套流程本身就很有價值。重點是要具備可塑性，首先你要想到一個構想、嘗試，然後據以調整。你可以從錯誤中學習，有一點小進步，然後迎來大成就。之後，你創作不同的版本。一而再、再而三地套用這套流程；這是每個人直覺感知的一種毅力。

強納森．史科葛摩（Jonathan Skogmo）是裘金媒體（Jukin Media）的創辦人兼執行長；這家公司目前每個月的點閱人次將近三十億，旗下各個頻道與垂直通路有超過八千萬的追蹤者。史科葛摩也認同上述說法，他說，他的團隊隨時都在測試內容。他們會觀察有用跟沒用的作法，測試不同的內容、不同的縮圖，以及一天內不同時間貼文的效果。測試是裘金媒體文化中很重要的一環。

世界衝浪聯盟的提姆．格林伯格團隊（Tim Greenberg's team）同樣這麼做，他們所有的活動都會剪輯出多重版本的影片。無論是推廣比拉博管道大師賽（Billabong Pipe Masters）、還是提高大溪地職業賽（Pro Tahiti）的知名度，他們都會在市場裡投入多種素材，針對文案或格式製作出各種版本。最後，他們會推出最成功的版本，也就是最終在測試階段存活下來的版本。

絕不停止做測試

Prince Ea說，就算你已經擁有二十億次的點閱人次，還是要繼續測試和學習。這套流程永不歇止，因為你得不斷推動自己嘗試新事物。

最重要的是，要真的從結果當中學到心得。我注意到人通常很懶惰，他們會測試五或十個不同版本，遺憾的是，約九成五的機率，這些版本全都無法產生最佳效果，沒有一個版本可以和最具可能性的受眾有共鳴。雖然受挫，還是需要繼續測試；大多數人都無法馬上大獲全勝。你花在每位追蹤者上的單位成本很難一開始就壓到超低，內容也無法爆紅瘋傳，就算真的出現這種好事，以正在讀本書的人來說，可能只有不到一％的人遇過。連我都鮮少能辦到。我不斷測試、學習並挑戰平台的極限。此外，你從測試中整理出愈多情報，就愈能創作出好內容。請花時間學習，設法大幅降低每次分享的單位成本，抑或用來衡量表現的其他重要指標。

克里斯．威廉斯（Chris Williams）是兒童娛樂公司口袋觀賞媒體（pocket.watch）的創辦人兼執行長、創作人工作室（Maker Studios）的前任群眾長，他也推出了迪士尼線上原創（Disney Online Originals），這是華特迪士尼公司（Walt Disney Company）旗下的一個分部，專責創作以迪士尼為品牌的短篇內容。他建議，檢視內容時要像工程師檢視軟體一樣。建置好，看看會怎麼樣，重來一次，看看會怎麼樣，再重來，再看看會怎麼樣。數位平台的美好之處，就在於可用極快的速度創作內容、然後重來，不像流程比較長的電視或平面雜誌。社交媒體的美妙，在於你隨即可以看到哪些人做得很好，並從已經產生效果的作法當中獲得啟發。去吧，測試內容，衡量反應，然後快速重來。

一天要測試多少創意作品？

你應持續測試，並不斷鞭策自己和你的品牌，至於一天要測試多少創意作品，端看你的品牌與多少種關注興趣相關。你能找到多少個目標關鍵字／關注興趣來代表你要培養的受眾？如果你只找到十個和你的品牌相關的關注興趣，你要做的是創作出更多作品。如果你的品牌範疇較廣，基本上你可能需要備有兩百組廣告（欲了解如何建構廣告組合，請上 www.optin.tv/fbtutorials）。

舉例來說，如果你是演員，你要鎖定的目標不只是那些對導戲或製片有興趣的人，還有喜歡每部會與自身品牌產生共鳴的影片的那些人（這樣一來，相關的電影可能有好幾百部）。另一方面，如果你的品牌和運動有關，很可能僅有二十種相對的興趣可以轉化成廣告組合。一切都要看主題而定。

擷取名言再搭配照片，是很容易依循的模式，我大力建議從這裡開始。有一次，我在兩星期內就替一家致力海洋保護的非營利機構建立出一百萬個追蹤者。我們鎖定了大概二十種不同的關注興趣，創意作品是以名言搭配海洋的圖片。我用了十張圖片和十句名言，每張圖搭配一句名言，然後把每一種版本拿來針對十到二十種關注興趣做測試。我們測試了大約一千種版本的內容，最成功的三個版本是：

(1) 海洋野生生物保育與環保人士保羅．華生（Paul Watson）的名言：「海洋是地球上最後一個自由之地」，搭配上美麗的浪潮與一位玩著划槳式衝浪板的女子。

(2)海洋攝影師席薇亞・厄爾（Sylvia Earle）的名言：「沒有水，就沒有生命。沒有藍海，就沒有綠地。」搭配一段我的某位友人在灰鯨媽媽和小鯨魚身旁玩划槳式衝浪板的影片。

(3)標題是「保護海洋最美好的理由之一」，搭配一頭尾巴揚出水面即將潛入海中的鯨魚之照片。

測試上千種版本，能讓你從中學習。你會發現，即便是微調一個字或是背景顏色，都可以讓全世界變得不一樣。這聽起來可能有點瑣碎，但是利用複製廣告組合，不到一個小時就能變化出一千種不同的版本。請先建置一套廣告組合，然後不斷複製並交換出不同的興味。你不用全部從頭開始發想，只需稍微改變一些變數即可。

決定要執行哪些廣告時，請想一想你的目標。如果你的目標是要用一美分得到一位追蹤者，而且所有廣告都有同樣的效果，那就都留著。你永遠都要回歸到「我想要觸及百萬追蹤者，而且我想要用一千美元完成任務」這件事上。如果這是你的目標，那你就需要用每位追蹤者一美分的單位成本去觸及群眾。如果廣告無法達到以一美分得到一位追蹤者的效果，那就關掉，再試新的版本，設法得到你想要的效果。請記住，以大規模測試與衡量，盡可能測試最多類型的內容，以便從中了解什麼最能引起群眾共鳴。

在執行一個月內建立百萬追蹤者的任務時，我會即時衡量內容的回應率，看看哪一份內容最能讓人們追蹤我。我測試幾百種版本（在某些情況下，甚至高達幾千種），以判斷哪一種的結果最好。每晚午夜時，我會發送出一百到三百個不同版本的內容，等早上醒來時評估結果，並設定好下一晚的新測試。在這三十天內，我測試了超過五千個版本的內容。

☑ 傾聽你的群眾

身為好萊塢最成功的電影製作人之一，也是媒體界高階主管與投資人的喬．賈希尼尊崇奉行傾聽客戶的聲音。他強調，在這套流程中你應該**視他們為你的合夥人**。如果你能持續向他們推銷自己的創作，就能建立起連結。他們會收到你提供的內容，直接給你回饋，也會很直接地告訴你，他們喜歡你貼出來的內容。

能從社交媒體網絡中得到清楚明確且可據以行動的回饋，是非常珍貴的。你必須迅即回應他們，因為如果你將其視為理所當然，他們就會另覓其他看來比較在乎他們的平台。

搜尋工具可幫助你傾聽、測試與學習

派拉蒙影業數位行銷部前副總裁拉森·阿內森說，善用谷歌廣告關鍵字作為工具，弄清楚人們正在搜尋的是什麼，這麼做可以幫助你了解你設定的關鍵字。這和透過社交平台將內容呈現在人們眼前不同。社交媒體和搜尋方法最大的差異，在於社交媒體的模式是向外推，搜尋的模式則是往內拉。在臉書最新動態饋送中看到的內容較像是電視廣告，而不像在谷歌進行特定的搜尋。人們可以針對臉書上的內容留言，但這和上谷歌搜尋資訊不同，後者更為積極主動。

以搜尋為導向的工具，讓你可以測試訊息並觀察人們如何談論不同的主題。你可以看到有無任何和你的品牌或產品相關的關鍵字搜尋活動，檢視大眾有沒有主動想要多了解你一點。搜尋能為你提供良好的指標，讓你知道你的訊息表現如何。

舉例來說，當阿內森的團隊二〇〇八年在推動電影《科洛弗檔案》（*Cloverfield*）時，他們注意到人們會搜尋和這部電影相關的詞彙，比方說電影的製作人J.J.亞伯拉罕（JJ Abrams），以及電影的上映日期（剛開始，他們以上映日期作為行銷重點，因為他們尚未公布電影名稱）。他們觀察人們最常搜尋的關鍵字，並建立起回饋圈，讓他們知道在未來活動中，要推動哪些面向的行銷素材最有意義。

廣告關鍵字也可以幫助你比較你的內容和其他類似品牌或產品被搜尋的狀況。阿內森補充道，谷歌搜尋趨勢（Google Trends）這種工具能提供相對的搜尋狀況，讓你可以看看與其他品牌相較之下，人們搜尋你的頻率是高是低。這些工具效果很強，能為你提供洞見，看透競爭對手的狀態，這是你無法從其他地方得到的情報。如果人們比較常搜尋你而不是你的對手，就是一個很強烈的指標，指出你的產品或品牌會比較好賣。

有些人的姓名或品牌可能還不到會讓人們搜尋的程度，但仍可運用這些工具為內容提供情報。阿內森表示，假定你推出了一個瑜伽品牌，就可以看看人們在瑜伽方面都會搜尋些什麼，然後利用得到的資訊來導引你的內容行銷決策。你會發現人們究竟是比較在意瑜伽墊還是舖巾，或是有沒有任何和瑜伽世界相關的笑話或新主題。取得這些資訊，將有助於你決定把心力放在哪裡，甚至幫助你做出商業決策。你會知道什麼東西很熱門、該推銷哪些產品。此外，這些工具也可以幫助你判斷市場規模。你可以先感受人們感興趣的程度，再去開發產品或內容。臉書會告訴你有一千萬人對瑜伽「按讚」，讓你感受一下一般人對瑜伽多有興趣，但搜尋導向的工具會告訴你，有多少人真正搜尋過特定的產品與項目。人們「自動去搜尋」這點讓搜尋工具更具主動色彩與實用性。

傾聽社交媒體

傾聽社交媒體（social listening）是一種監督數位對話的流程，幫助你了解現在顧客在線上談論哪個品牌、哪個人或產業。透過傾聽社交媒體，可以讓回饋浮出水面，幫助你區隔自家品牌、產品或服務。阿內森在派拉蒙的團隊便善於傾聽社交媒體，以了解人們對於電影的哪個面向最有感。他的團隊會找到表現最佳的電影，專心觀察人們在談些什麼。抓住群眾注意力的是故事還是角色？這是很寶貴的資訊，能幫助他們理解如何行銷目前與未來的電影，也讓他們學到哪些事物會挑動人們的神經。

很重要的是，要明白這套流程需要花時間，也要做很多數據分析。阿內森極力主張，在檢視人們提到的主題時，你不能只看表面，必須更深入挖掘，找到他們為什麼要談論這些東西。你要詮釋訊息，並善用最佳判斷去創作新的內容或調整手上既有的內容，再看看人們如何回應。通常你要再度傾聽，並據以調整。這是一套持續的「觀察—測試」流程，其中沒有明顯的切斷點。不會有人跑出來對你說：「我喜歡這部影片，理由是它讓我覺得自己很棒。」不會有這麼顯而易見的事。

阿內森建議，重點是要監看長期的趨勢變化。一開始就要觀察人們如何回應你的內容或產品，接下來，隨著時間推移，要注意他們的回應有何改變。這麼做，你就有背景資料，可以了解到哪一類才是該大力推動的重要內容和訊息。長期下來，你會培養出能力，懂得運用人們所說的話作為參考意見，讓你知道要在哪方面持續努力，並改變對話以滿足他們的需求。

獲取背景資料也能讓你找到分析的立足點，有助於判斷有沒有哪些是你可以忽略的留言。也許有個人抱怨了某則內容，但你回頭查看那則內容時，看到的卻是過去大眾很喜歡的那種類似貼文。如果你有數據，就有比較的基準點，可以持續從正確的觀點來看事物，並判斷哪些問題值得回應（若有的話）。如果你長期都有記錄，就會得出大格局的樣貌，且更清楚了解人們如何以及為何與你互動。

如果你是大品牌，資料數量多到排山倒海，你永遠都可以外聘公司幫助你聆聽社交媒體。不過，多數人可能處於自己尚能應付的階段，只需要閱讀並記錄貼文下的留言，然後利用社交媒體平台提供的搜尋工具，檢視有哪些關鍵字環繞著你的內容。此外，也可以去看看競爭對手的專頁，檢視他們的社交媒體頁面上表現好與表現不好的內容類型，並記錄留言與相關的資訊。要確認記錄下你學到的東西，如此，你才能針對每週或每月回顧，進行比較分析。

向顧客提問並從他們的觀點思考

阿內森補充了一個重點，他說，要在做出明確的區隔後才去測試內容。不要只是改幾個字，這樣的差異性還不足夠，要測試本質上不同的訊息，如此，你才能深入理解人們喜歡什麼。給顧客不同的訊息以供選擇，藉此向他們提問。如果你提出四種明顯不同的訊息，而群眾絕大多數都偏好其中一種，就無須懷疑他們到底對什麼有興趣了。

這和我用的方法不同，因為阿內森來自電影圈，在那個環境下，要了解如何挖掘出特定的群眾，測試不同的訊息極為重要。我同意他的說法，但是我也喜歡稍微調整用字遣詞，然後看到某些稍有差異的版本以某種方式大大提升表現。這不一定有用，但有時候可以讓你大吃一驚。

試著從顧客的角度思考。當他們看到你的內容時，會有哪些體驗？他們對你的品牌有哪些既有的認知（假使有的話）？如果他們過去曾和你的品牌有交流的經驗，你認為他們記得嗎？針對你的內容和品牌認知而言，你需要知道顧客是誰以及他們人在何方。

測試和傾聽特定顧客之所以重要，還有另一個理由：你要找到最原創與最動人的聲音。當我們看到某些內容策略對其他品牌來說有用時，通常會自動認為這對我們的品牌也有用，但事實上並不一定。其他品牌與個人使用特定格式行銷產品或內容，不必然代表這是行銷**你的**品牌或**你的**訊息的最佳方法。

一美元刮鬍刀俱樂部（Dollar Shave Club）是一個絕佳範例，這個品牌找到原創方法行銷自己的內容。在這家品牌出現前，刮鬍刀片通常都透過電視廣告銷售，吉列公司（Gillette）是其中的霸主。之後，一美元刮鬍刀俱樂部以歡樂、瘋狂、戲謔的線上影片現身，藉以呈現這個全新品牌[2]，點閱次數達四百萬以上。當時，一美元刮鬍刀俱樂部是一個年輕的新創公司，難以和吉列匹敵，但是，藉由理解社群媒體、傾聽群眾、用不同的方式處理事情以及測試，他們得以突破重圍，進入一個競爭激烈的產業。[3]

2. “DollarShaveClub.com——Our Blades Are F***ing Great,” YouTube video, 1:33, posted by Dollar Shave Club, March 6, 2012, https://www.youtube.com/watch?v=ZUG9qYTJMsI.

3. David Vinjamuri, “Big Brands Should Fear the ‘Dollar Shave Club’ Effect,” *Forbes*, April 12, 2012, https://www.forbes.com/sites/davidvinjamuri/2012/04/12/could-your-brand-be-dollar-shave-d/#7e3f32b94854.

利用這些推廣活動，一美元刮鬍刀俱樂部帶動一股趨勢，自此之後，很多人一再仿效，但競爭對手不見得能得到想要的結果。每個品牌都要找到自己的個性及其特定群眾感興趣的面向；你也需要這麼做。

善用社群帶動決策

陳展程（Ray Chan）是線上搞笑平台9GAG的共同創辦人兼執行長，他利用臉書專頁上四千二百萬個讚、Instagram上的五千三百萬追蹤者，以及推特上一千六百萬的追蹤者創辦了一家公司。以全球來說，這是規模最大的媒體娛樂品牌之一，也是Instagram上最多人追蹤頁面的前五十名；喔，對了，如果你把名單上的名人拿掉，這家公司便名列第九。

陳展程利用社群的回饋來查核哪些內容最具瘋傳潛力，而且品質最高。他觀察群眾的回應，為自家品牌收集到回饋，這些意見讓他可以決定要在社交媒體管道上貼什麼。

團隊在社群內測試諸多內容，讓成功的結果帶動未來的貼文。

9GAG的內容大致上都是趣味幽默取向，對很多人來說易於親近。他的團隊總部在香港，但9GAG的用戶群組成非常國際化，追蹤者不僅來自香港，也有美國、德國、荷蘭、印尼、菲律賓以及其他各國人士。如果他僅仰賴團隊成員去設計豐富的內容，很可能會有偏差。這個品牌不光靠編輯團隊來判定什麼內容有效，反而是讓社群（多達幾千萬人的組成分子）成為廣義的編輯團隊。持續學習並檢視市場走向，確實非常重要。傾聽社群、讓社群引導你，告訴你該把公司和品牌的重點擺在哪裡。陳展程也使用應用程式，他指出，主流媒體談的話題和使用者在做的事情之間有很大的落差。

比方說，如果你觀看網路媒體「科技關鍵時刻」，你會認為有很多應用程式都很風行，因為有很多以這些應用程式為主題的文章。然而，他的用戶多數是比較年輕的族群，甚至根本不看「科技關鍵時刻」，因此，這類二手研究對他的公司而言並無助益。他建議要仰賴第一手研究，直接和用戶對談，以了解他們喜歡什麼、他們在做什麼。他自己就不斷傾聽社群與群眾，持續學習並強化他的整體內容策略。

花些時間

裘金媒體的史科葛摩也深信要不斷測試。他坦承，他公司推出的內容並不會像變魔術一樣自動進行病毒式傳播，那是靠著持續的測試並善用數據和分析，從而更能選出最成功的內容。裘金媒體有四個品牌都借重臉書、YouTube 和 Instagram，他們也很清楚每個平台各有不同的群眾。史科葛摩的團隊針對每個平台量身打造內容。同樣的影片，貼在臉書、YouTube 或 Instagram 上的片長、標題或起始點可能都不同。每一個平台的內容版本也都稍有差異。

史科葛摩敦促你花些時間傾聽、測試與挖掘。這套流程不是百米衝刺，而是一場馬拉松。他說：「就算你沒有搭上太空梭，也不表示你沒有在成長。」而如果你在哪個時候搭上了太空梭，也不要以為永遠都會那麼快；總有個時候你的油料會耗光。釋出你的內容，做測試，從中學習，然後從頭再來。說到底，你會投入，看的就是長期。不要玩短打，要做好長期抗戰的準備。觀察群眾的行為，永遠持續把內容推到他們眼前。

要點提示與複習

- 測試與學習，然後把學到的東西當養分。
- 所有面向的創造都需要用到測試，從商業到科學皆然，這是學習的基礎。
- 記錄、分析和數據是一回事，真正從中**學習**又是另外一回事。觀察人們如何／為何與你的內容互動。
- 從測試中得到愈多情報，就愈能創作出讓人們起共鳴的內容；這可以幫助你大幅降低重要表現指標的成本。
- 為顧客提供明確、與眾不同的訊息供其選擇，藉此向他們提問。
- 從顧客的角度思考。
- 不可自滿；要挑戰平台的界限。
- 傾聽社群，讓他們幫你決定哪些內容效果最好。
- 谷歌搜尋趨勢和廣告關鍵字可以幫助你量身打造出群眾最感興趣的內容，並讓你能觀察長期趨勢。

- 檢視社群在你的貼文和內容上的留言，練習傾聽社交媒體。同時，也去看看競爭對手的頁面，觀察他們的內容表現如何。
- 針對每一個平台分別量身打造內容並進行測試。
- 測試流程是一場馬拉松，不是百米衝刺。

第五章

在臉書上創作能讓人們分享的內容

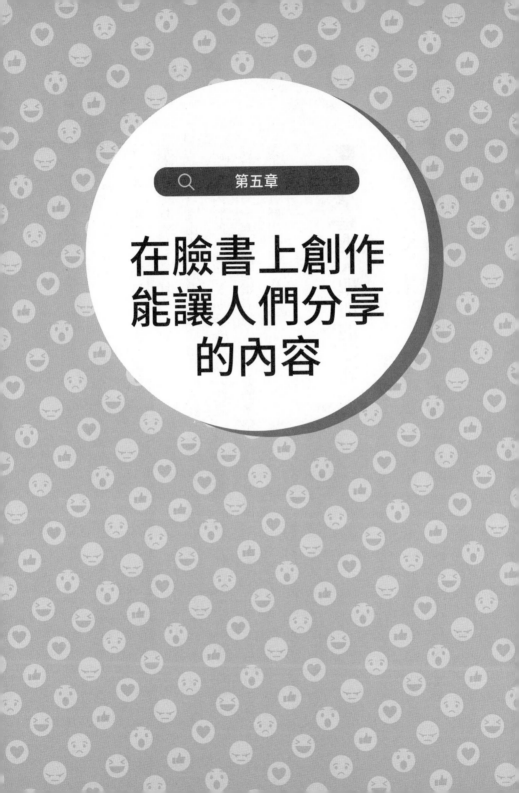

到現在你可能已經明白，如果希望在臉書上快速壯大，「分享」是一個最重要的指標；分享可證明群眾對你的內容起了共鳴。讓人們動手分享，是自然傳播你的訊息並從吵雜中脫穎而出的最佳方法。擁有眾多經常被人分享的優質內容，能讓你持續蓬勃發展，也能提高瘋傳爆紅的機會。

要培養出大量的追蹤者與穩定的成長，請聚焦在創作可供人分享的內容。你不能隨便丟出內容就希望能長期獲得群眾的注意力。要讓他們回來索取更多資訊，最好的方法就是要有一套能讓追蹤者投入、參與的策略。這也是讓你能快速擴大規模的方法，在臉書上尤其好用。

☑分享是進入聖殿的鑰匙

讓人按讚或進去看某些內容很簡單，不過，說到底，這也不代表什麼。這是一個很棒的虛榮指標，卻無法幫助你創造成果。分享內容的人才是會採取行動的人。有人分享是一種回饋，代表你的內容引發迴響。阿內森就說了：「採取行動很重要。在某個時候，你需要群眾與顧客去做點什麼，可能是互動，也可能是買產品。」擁有一群只會坐著被動地替你的專頁按讚的追蹤者，不會為你帶來任何益處。

社交媒體上重要的網路紅人都明白讓人們分享內容的重要性，這也是他們關注的焦點。朱爾斯．狄恩是魔術師兼社交媒體創業家，曾在十五個月內培養出超過一千五百萬名追蹤者，他解釋為何他的主要目標是要讓最多人去分享他的內容。他說：「檢視貼出的影片時，我不去看有多少人點閱過影片，我不在乎影片在臉書上有沒有超過兩百萬次點閱；我在乎的是有多少人分享出去，因為如果有很多人分享，代表這部影片是以指數成長的速度傳播出去。」

人們分享你的內容，就是在幫助你壯大你的品牌。他們主動傳播你的訊息，為你增添更強而有力的聲音。世界衝浪聯盟的提姆．格林伯格指出，臉書上的分享是衡量貼文是否成功的最佳指標。每一次分享都是被對方當成自己的內容背書，也證明他們支持且相信這則訊息。

格林伯格也強調，讓人們分享你的貼文，可以在臉書平台上使得更多群眾看到這些內容。根據臉書演算法的設定，被很多人分享的內容會出現在更多人的饋送管道中。貼文的整體成績好不好，和貼文被分享的頻率有高度正相關。臉書會獎勵分享，善用這一點絕對符合你的最佳利益。誠如喬．賈希尼所言：

如果你的群眾認爲得到的體驗很棒、很值得，而且可以複製，他們就會運用自己的社交媒體網路，成爲你的大使、你的傳教士。請記住，他們來自一個不輕易提出保證的世代，而且不怯於控訴、拒絕和攻擊。

每個人在成長過程中都相信「自己」這個個人品牌很重要，不輸給其他知名度更廣、更高的人，其中蘊藏著一種與生俱來的自負。它的本質是這樣的：「如果我告訴你要去這家餐廳、看這部電影、看這部影集或吃這種食物，我是以行家的姿態在告訴你這很棒。我是賭上我的名聲在推薦。」

當你的受眾認為你的內容有價值，他們就成為一股替你傳播資訊的強大力量。而且，人們對於朋友、信任的人給的建議，其接受度天生就比來自陌生人的推薦高。當人們不覺得對方想要賣東西給他們時，比較容易接受內容。

分享帶來銷售和直接行動

你愈少嘗試推銷、賣得就愈好，很諷刺吧。當你把焦點放在為人們創造**價值**而非爭取顧客，就會帶動銷售與直接行動。分享力公司的艾瑞克・布朗斯坦也認同創作值得分享的內容很重要。分享力公司的團隊是創作分享內容的大師，二〇一七年，他們最廣為分享的前二十部影片共被分享了一千零五十萬次，而《廣告時代》（*AdAge*）雜誌所做的瘋傳影片排行榜相較之下，前兩百支宣傳活動影片在臉書與YouTube上被分享的總次數僅六百四十萬次！《廣告時代》排行榜中還包括了蘋果（Apple）、谷歌、臉書、三星（Samsung）、百威（Budweiser）和百餘個大品牌的最佳影片。整體來說，分享力公司替全世界幾個最大型品牌創造出超過三十五億次的點閱次數，以及四千萬次的分享。

布朗斯坦的團隊使用艾曾柏格（Ayzenberg）提出的免費媒體曝光價值指數（earned

media value index）[1]計算得到的免費媒體曝光價值；這個指數的意義，是把按讚、留言、分享與有機檢視換算成金錢價值。布朗斯坦揭露，根據二〇一七年第三季艾曾柏格免費媒體曝光價值指數來看，他們替美國通訊營運商克瑞奇無線服務公司（Cricket Wireless）所做的「約翰・希南愛網路」（John Cena Loves the Internet）行銷活動＊，創造出一・二二億美元的免費媒體曝光價值。二〇一七年的音樂影片〈愛情守則〉（New Rules）是他們替凱悅酒店（Hyatt）舉辦獎助活動，與歌手杜娃・黎波（Dua Lipa）合作的成果，截至撰寫本書時，已賺取超過兩億美元的影片免費曝光價值（且仍有千百萬的有機點閱不斷湧現）。以免費媒體宣傳來說，凱悅酒店本次活動的投資報酬率可謂相當豐厚，遠遠超過一百倍。基本上，這都得歸因於創作與傳播能讓人大力分享的內容，才帶出這些出色成果。

關鍵是要為群眾提供價值但不要求回報。通常，一旦影片表現出色，之後，你可以重新鎖定和影片有互動的人，請他們採取直接行動。但剛開始一定要用能帶來價值的優質內容讓他們暖身，之後才以傳統廣告跟進。

布朗斯坦在分享力公司的團隊使用「全漏斗活化」（full-funnel activation）策略。首先，他們一開始用的是大型、病毒式、可分享的內容；接著，他們會轉向可以引發額外互動的內容，不過此時先不發出強烈的行動號召；最後，他們會推播內容給和先前兩類內容有互動的人，請他們採取和客戶目標相關的行動。

在執行克瑞奇無線公司的宣傳活動時，他們於二〇一五年率先推出「出乎意料的約翰．希南亂入」（The Unexpected John Cena Prank）影片；影片中，約翰．希南給自以為正在參加克瑞奇無線公司廣告試鏡的粉絲一個大驚喜。工作人員介紹約翰．希南時，本尊就從海報裡跑了出來，這些粉絲的反應可說是無價之寶，你可以透過以下的網址看到影片：http://bit.ly/UnexpectedCena-Shareability。分享力公司兩度在臉書上推出這部影片，整體來看，獲得的點閱率超過八千萬次。二〇一七年，他們製作了第二部後續影片「約翰．希南的反應」（John Cena Reacts），這是分享力公司名為「約翰．希南愛網

1. "The Ayzenberg EMV Index Report," Ayzenberg, http://4633k91sjy7a1tdnw4180z1b.wpengine.netdna-cdn.com/wp-content/uploads/2018/01/Ayzenberg-EMV-Index-Q3_2017_V1.4.pdf.

＊ 譯注：約翰．希南是美國知名職業摔角選手。

路」大型活動當中的一部分。「約翰．希南的反應」是原始「出乎意料的約翰．希南亂入」之逆向版，在第二部影片中，不是希南給粉絲驚喜，而是粉絲讓希南大吃一驚。希南打開粉絲給他的信，信中感謝他奉行的「絕不放棄」座右銘幫了他們，讓他們從受傷與心碎當中恢復過來。隨著影片繼續推演下去，希南充滿感情地看著一部短片，片中有個小男孩感謝希南幫助他的媽媽對抗癌症。短片完結時，男孩從第一部影片裡的那張海報和媽媽一起跳出來，親自感謝希南。希南非常激動，我們看到了雙方互相感謝的美麗交流。

這些活動之所以大為成功，原因之一是他們一無所求，唯獨為群眾提供價值，第一部希南影片是要逗大家笑，第二部則是要觸動他們的心。第二部影片成為二〇一七年全球分享次數最多的影片，同時也是 YouTube 熱門影片的第三名。這部影片在臉書上被分享的次數超過兩百五十萬次，最初上傳時的點閱次數達一．一億次，如果加上群眾再次上傳後的點閱次數，總點閱人次高達一．六億次。所有「約翰．希南愛網路」活動在各個平台總共被大眾分享超過兩百萬次。

前兩部影片有所斬獲後，分享力團隊繼續為活動創造價值，製作廣告重新鎖定曾和內容互動的人。他們會發出一些跟進訊息，例如「大家好，我是約翰．希南。你何不去店裡買下這支手機呢？」由於原始內容扣人心弦且互動性高，通常群眾會覺得早就和希南（並擴及克瑞奇無線公司）建立起強烈的連結。當粉絲感受到真心誠意的連結時，比較可能採取行動。

服務導向

我從建立出百萬名持續關係的粉絲、和最出色的行銷人士與社交媒體網紅進行對話的經驗中，學到一件事並相信：要讓內容瘋傳，最佳方法必定是為他人提供服務和價值。你不能想著希望或需要別人給你什麼，你必須思考你可以為他們提供什麼。一開始永遠要自問該如何才能觸動群眾的情感，啟發他們、讓他們感受到連結，或是在某些面向被打動。

Prince Ea 是當今最出色的臉書內容才子之一，他創作內容時的策略是以服務為首要考量。他坦承，即便他的自我可能跑出來插手（且是經常），渴望獲得幾百萬次點閱，但他總是試著轉折回主要目標上：觸及觀眾的心。他的重心，放在真正去影響會看到他的貼文之人，他相信，創作內容時不把焦點放在個人得利上，情勢就會快速發展。當他想出如何服務人們時，社群人數就會暴增。他開始看到影片效果出現指數型成長。改變心態，從以「我」為焦點變成以「他們」為焦點，讓他的影片點閱次數從原本八年累積一千萬次，大幅成長為短短兩年內就接近二十億次。轉為提供價值與服務取向，讓他變成吸引點閱的磁鐵。

Prince Ea 相信，雖然影片標題、縮圖、長度與前幾秒鐘等方面都很重要，在邏輯上與實用上都必須特別注意，但如果內容不好且無法服務他人，或無法在情感上打動他們，則效果也有限。創作內容時，Prince Ea 會從以下這些問題開始，讓自己的心態進入服務導向：

- 我爲何會在這裡？
- 我可以如何爲他人提供服務與價值？

- 如果這是我拍攝的最後一支影片，那我要說什麼？
- 如果這支影片要成為此一主題的最佳影片，我要怎麼樣才能拍出這支史上最好的影片？要怎樣才能用最佳的方式呈現內容，超越過去？
- 我為什麼要分享那些我分享出去的內容？
- 我為什麼喜歡我看到的內容？
- 我要如何才能為這個世界留下有意義的影響？

針對你自己和你的品牌思考這些問題。如果你在開始創作內容時就想著這些問題，就能把焦點從個人得失轉向服務他人，回過頭來，這將能鼓勵你的受眾分享他們喜愛的內容。

凱蒂．庫瑞克也用同樣的取向創作內容。她的焦點是要建立社群感，找到能夠影響群眾內心深處以及改善生活的主題，正因如此，她才有許多大膽勇敢之舉，比方說，把大腸鏡檢查搬上全國性的電視節目。節目播出之後，去篩檢大腸癌的人數增加了二〇％。自己退居弱勢姿態，鼓勵別人跟著做、好好關照自己的身體，需要勇氣與謙卑。

這類內容會影響人們的生活，讓他們想要和他人分享這些資訊。

艾瑞克．布朗斯坦也採服務導向設計內容。他說，人們不喜歡被典型的廣告騷擾，行銷人員必須思考並承諾為潛在顧客創造價值。分享力公司知道，要讓人們把廣告分享出去，唯有靠著創造情感連結、誘導出和觀眾的強韌關係並建立新的關係。布朗斯坦說：「人們分享時代表他們在乎，他們在乎時才會購買。」

和群眾搭上線

當我在尋找深諳如何感動群眾的內容創作者時，不由自主就想到了佩卓．佛洛瑞斯（Pedro D. Flores），他是一位電影工作者，也是坎普愛製作公司（Comp-A Productions）的執行長兼創意總監，這是一家專攻社交媒體行銷的製作工作室。他創作一部名為「墨西哥塔可餅」（Tacos）的影片，點閱人次超過一億。佛洛瑞斯把這部影片的成功歸功於關聯性。這是一部搞笑影片，講述他如何因為看起來是白人，實際上卻是墨西哥人而受到歧視。這是一個嚴肅的主題，意在教育觀眾，然而以較為輕鬆的方式來表達。這部影片引導觀眾去感覺、思考，同時開懷大笑。

佛洛瑞斯創作「墨西哥塔可餅」，是他對自身真實生活經驗的感想。他有個十足的墨西哥名字，人們總是指控他謊稱自己是墨西哥人。為了對抗這股挫折感，他以直截了當的方式呈現這支影片，不耍花招，讓人們可以感受到身為一個看起來像白人的墨西哥人是什麼滋味。

創作內容時，找到自己親身經歷過、而且你認為別人也可能經驗過的事，總是聰明的點子。脆弱與誠實，會讓觀眾更貼近主題，並和你以及你的情緒搭上線。這會使得你的素材更具關聯性，和其他人的人生愈加息息相關。

庫瑞克補充，如今讓人們感受到和題材間有所連結乃至關緊要之事，比以往甚至有過之而無不及：

> 我認為，在這個連結的時代，極度諷刺的是我們在許多方面都更加嚴重地斷裂。寂寞是美國最嚴重的流行病之一，另一種普遍的流行病是焦慮，我認為

這是資訊過度加載推波助瀾的結果。找到最適當的甜蜜點，建立人與素材間的眞正連結，確實很重要。

如果你對於你分享的內容提出一些想法，就有機會改善他人的生活，讓他們更快樂、更光明，且得到更充分的資訊，這就回到 Prince Ea 所提的服務。思考你的內容如何能幫助他人（而且，對，這也有助於讓大眾將你的內容分享出去）。

布朗斯坦建議你自問：「別人為什麼應該在乎我的訊息？」我們必須記住，外面有很多內容，根本是無窮無盡。因此，創作內容時，必須找出讓人們在乎的點。你必須讓他們想要多多了解，之後他們才可能會和朋友分享。

布朗斯坦補充，找出人們為何在乎你的訊息後，你要確認自己是誠心誠意地傳達訊息。社交媒體的重點，就在於建立關係。因此，創作內容時，重要的是自問建立什麼樣的關係才叫好關係。絕對不能光想著要求對方，你要關心對方。布朗斯坦提出一個概念：透過價值交換的觀點來檢視相關性。為粉絲帶來價值，也就有機會為粉絲的朋友提供價值。如果你給粉絲有趣的內容、讓他們分享出去，他們會覺得自己像是喜劇泰斗；

或者，如果你提供的是感性的素材，就讓他們有機會觸動某個人的心。當人們負擔起教育使命、欲使他人了解重要主題時，會覺得自己在為對方提供價值；而，當他們對於某個議題或某個人抱持強烈意見時，他們則會自覺是某個社群的一分子。

他清楚闡明關係的重點在於給予，而非獲得。務必確認自己努力去做的事是要為群眾帶來有價值的東西。你應該遵循八十／二十法則：百分之八十的時間付出，僅用百分之二十的時間請求群眾採取行動。

舉例來說，和克瑞奇無線公司合作時，布朗斯坦的團隊收到的指示是「製作出讓人們莞爾一笑的影片」。克瑞奇公司花上幾十萬美元做活動，真的就只為博君一笑。他們以這種心態推出好幾支影片，之後，克瑞奇公司才在活動當中要求人們採行一些涉及商業目標的行動。這是非常慷慨（且聰明）的作法，演繹了八十／二十法則，並把焦點放在先服務他人。請你也這麼做。

布朗斯坦相信，幾乎什麼都有可能瘋傳，就算看起來很平凡或很困難的主題亦然；分享力公司甚至以兒童癌症和直腸癌為核心製作出爆紅影片。他認為，融入人們的情感並在心靈層面與他們相連結是很重要的事，在處理困難議題時尤其如此。你現在開始看出模式了嗎？

世界衝浪聯盟的提姆・格林伯格也同意，他說，他的團隊把重點放在提振觀眾的心情：「如果我在社交媒體上發布的內容可以讓人高興個三四秒，那我就算完成任務了。我利用好內容讓人們的日子變得更好一點。」

和觀眾建立起情感上的連結，是一項讓你的內容和群眾息息相關的重要元素。想一想你的內容會讓觀眾有何感受，讓他們更願意和他人分享。務必時時刻刻念茲在茲，記住你的終極目標，以及你**為何**要分享你的內容。

精通相關性

替群眾找到最相關的內容，必須透過測試以及嘗試錯誤。沒有哪種方式必能知道什麼東西和每個人的生活最相關，但布朗斯坦分享心得說，他的團隊透過一個方法來挖掘會引發迴響的構思，那就是檢視網路的熱門主題，以及觀察網路流行的爆紅事物。他的團隊通常會調整熱門訊息，以符合他們要為其創作內容的品牌。

針對熱門主題創作內容有一個成功案例，是分享力公司替必勝客（Pizza Hut）和百事可樂（Pepsi）推出的「自拍棒的危險」（Dangers of Selfie Sticks）影片宣傳活動。這支影片假托公益廣告形式卻在片中耍笨，主題談的是使用自拍棒的危險。布朗斯坦的團隊會想到這個主意，是因為自拍棒是當下熱門主題：舉例來說，迪士尼樂園（Disneyland）便禁用自拍棒。當時必勝客正在大推長達兩英尺的披薩，因此他們想到，你必須要有一支很長的自拍棒，才能拍下這種全新、誇張長的披薩。於是在兩者間建立起這樣的連結，並以一般的自拍為題創作諷刺小品，這部影片非常有趣，在YouTube上瘋狂傳播。推出當月，這部影片就成為全世界最多人分享的廣告，這有一部分也是因為和當時影片搜尋的「自拍棒」關鍵字有相關。

為求達到如此高的分享程度，布朗斯坦的團隊進行嚴謹的測試流程，以各種形式與開場白為樣本，並從大型焦點團體中收集數據；焦點團體通常都透過在臉書上操作內容進行，看看哪個版本反應最好（基本上，簡單來說就是我的系統）。

他們分析內容的每一個面向，以確定能和觀眾相呼應。舉例來說，替影片選角時，他們會慎選有相關性的人。在替凱悅酒店製作杜娃・黎波的音樂影片時，他們會確認影片中的女孩不全是超級名模等級的人。布朗斯坦說：「如果你去看〈愛情守則〉這部音樂影片，會看到片中的女孩很有魅力，但不是超級閃亮那種。她們比較像和黎波真的有交情的女性朋友。」只要關乎內容，分享力公司就是這麼謹慎，百般考量每一個決策。

創作要讓人們分享出去的內容時，不要亂槍打鳥。要做實質審查並研究趨勢，注意有用的作法，反向拆解其他成功的內容創作者做過的事，並整合一些低成本的概念驗證法做測試。測試可以幫助你先確定什麼樣的作法有效，然後才大舉投資、讓內容往單一方向發展。如果你沒時間，我的團隊在這個過程中絕對可以幫你一把。

☑有疑慮時，跟著直覺走

雖然我大力倡導測試與學習（現在你可能早就知道了），但有時候你必須放手，任由經驗引導你，傾聽你的內在聲音。相信自己（這和亂槍打鳥不同），因為以生活經驗為基礎的直覺會引導你並幫助你判定哪些內容效果如何。

任職於橋梁公司（TheBridge.co）、得過艾美獎（Emmy Award）的導演兼製片邁克爾・胡爾科瓦奇（Mike Jurkovac）說過一個故事，講述他跟著麥克・柯克（Mike Koelker）一起工作學到的重要心得。柯克很多作品都榮登廣告名人堂，尤其是一九八四年替李維斯公司（Levi Strauss & Co.）的501系列牛仔褲所做的「501藍調」（501 Blues）行銷活動，以及一九九二年替李維斯的副牌杜克斯（Dockers）所做的「顏色」（Colors）行銷活動。

胡爾科瓦奇親眼見到柯克運用直覺，催生出一項非常特別的行銷活動。胡爾科瓦奇和柯克一起去會見加州葡萄乾協會顧問委員會（California Raisin Advisory Board），這個委員會正在想辦法推銷葡萄乾（坐在長椅上吃葡萄乾可性感不到哪裡去）。他們正從某些焦點團體身上找答案，有兩個具創意的點子效果很好，其他創意發想方向則不然。這些農民無法決定該選哪一條路，由於柯克創辦出價值高達十億美元的企業，因此他們決定問問他的意見。

他說：「我知道測試結果並不認同這點，但我認為黏土人偶有些很妙的特質，能讓人們真心回應。因此，我聽從直覺，就這麼辦。」柯克設定的方向在測試中的反應不算好；就是後來一九八六年的「加州葡萄乾」廣告，廣告裡黏土葡萄乾玩偶勁歌熱舞，大唱經典歌曲〈我從葡萄藤上聽來的〉（I Heard It Through the Grapevine），這是一九八〇年代最經典、最成功的廣告之一。

促成柯克做這個選擇的背後有個有趣的小故事，就發生在胡爾科瓦奇為了李維斯的案子熬夜工作時。有個人跑進來問：「這裡有沒有人在做葡萄乾的案子？」

「有，那個團隊在樓下。」胡爾科瓦奇說，「負責人叫麥克．柯克。」

對方回答：「我昨晚做了一個夢，所以我飛來舊金山，因為我夢見自己變成了一顆加州葡萄乾。酬勞不是問題，我只是想要變成一顆葡萄乾。錢捐給我的慈善機構就可以了。」說這話的人是麥可．傑克森（Michael Jackson），麥可聽說這項行銷活動，他自己決定「我也想插一腳」。胡爾科瓦奇說，這就是創作內容時的祕訣：做出好東西，**感動人、讓他們採取行動。**

真心誠意

發展內容時，你的品牌和訊息一定要真心誠意。曾演出《哈拉瑪莉》（*There's Something About Mary*）、《阿呆與阿瓜》（*Dumb and Dumber*），和《一個頭兩個大》（*Me, Myself, and Irene*）等片的知名演員兼製作人羅布·莫蘭（Rob Moran）說，這些電影之所以能引起共鳴，是因為背後的創作者並非成長於好萊塢；在好萊塢長大通常會變成一道藩籬，阻礙發掘的過程。有時候，當你知道太多，很容易覺得膩，被你所看過有用、或沒用的作法影響。《哈拉瑪莉》和《阿呆與阿瓜》等電影背後的創作人法拉利兄弟（Farrelly brothers）向來做自己，創作他們認為很有趣的內容，不在乎是不是能觸及每一個人，因為他們知道自己的內容無法讓每個人都發笑，但能讓適合的人開懷。他們不需要讓每個人都聽懂他們的笑話，這就有了自由度。

現在的你，比過去更需要擁有真心誠意的能力，因為數位平台（尤其是臉書）創造出真正的民主式內容傳播管道。能讓人們分享出去的，都是能引起共鳴的內容。你可以創作出扣人心弦的內容，或者平淡無奇的內容，但無論如何，平台都讓你能自由分享，無須靠電影公司的傳播團隊施恩；你靠自己完成，這給了你更高的掌控力。

善用意外驚喜

我們都希望創作出歡樂有趣的內容，可惜的是，沒有任何公式或祕訣可以保證達標。內容一定要有一些特別的時刻，才能真正抓住人們的注意力，你必須嘗試不同的作法，直到找到贏家組合。然而，電影製作人喬．賈希尼提出線索：說故事時使用的訣竅，或許能幫助你得到好成果。他強調要善用意外驚喜的概念。經驗告訴他，出色的電影（這些電影通常是以最出色的方式說故事）重點不在於讓人震驚的結局，而是一路上讓人無法預料的結果。他說「意外的結果、意外的時間點，能讓故事耳目一新」。

賈希尼參與二〇〇九年的電影《醉後大丈夫》（*The Hangover*）的經驗告訴他，人們會感到訝異，是因為這部情感導向的黑色偵探故事當中，情感成分和誇張的插科打諢一樣多。這是男人兄弟情誼的故事，充滿原創性且無法預料。這部電影讓此主題耳目一新，這是人們好一陣子都沒看到的東西。

布朗斯坦也提到，「驚喜」在他團隊的作品中是非常重要的元素。二〇一五年點閱率最高的名人影片，在各個品牌與粉絲專頁累積超過一．八億次的點閱，如果加上透過第三方影片身分軟體的追蹤次數，就還要再加上五．二億次，那就是分享力公司的「偽裝的C羅」（Cristiano Ronaldo in Disguise——ROC）。C羅是世上最重要的社會網路紅人之一，以他為主題創作的影片有幾百支，但布朗斯坦說，以往所有內容都從同樣的角度來描寫C羅：他是充滿男性時尚雜誌風格的超級巨星，穿著牛仔褲開跑車好看得不得了；因此，分享力公司決定讓C羅的粉絲看看他們不曾見過的C羅。他們將他打扮成邋遢的街頭藝人，要他留在馬德里最熱鬧的一處廣場，並在廣場上耍玩足球；或躺在地板上，或試著傳球，與一些對他視而不見的人（大多數人都這樣）互動。然後，當一名小男孩接受他的提議跟他一起玩時，他在足球上簽名並脫掉偽裝，人們的態度為之丕變，那真是太寶貴的畫面了。粉絲愛這部影片，因為它用一種截然不同的手法來描繪C羅，讓眾人大吃一驚。

分享力公司之後又創作好幾支影片，讓他出現在其他意外的場合。其中一部影片拍他在自家用尋常的家用物品（比方說牙刷）演奏〈聖誕鈴聲〉（Jingle Bells），另一部則拍他在一處購物商場喝茶，看看他可以喝幾口茶，又有多少人會跑過來要求和他合照。分享力公司創作的所有影片，皆顯露出C羅某些真誠又與眾不同的面向，那是人們意想不到的部分。關於C羅最成功的四支影片，實際上皆由分享力公司所創作出來！

人性本來就渴望新經驗與用新方式看事物，C羅影片之所以成功，是因為它們以親民方式呈現一位偶像人物。想一想你能用哪些方法讓群眾大吃一驚，為他們製造一些意外驚喜，加上一些元素，讓你的追蹤者感到與你的品牌相貼近。

朱爾斯·狄恩補充，能設計一些峰迴路轉是好事，尤其是在影片的結尾。他會緊緊抓住群眾，試著用意外的結局帶動影片瘋傳。

如果人們看影片時想著：「哇！這好酷，我喜歡」，接著，**碰！**結尾處再來一段讓人不能不分享的轉折，這就是成功的祕方了。

拓展你的內容範疇

提姆．格林伯格分享了他的心得，提到他的團隊分析前一年表現最佳的內容後之領悟。光是二〇一六年，世界衝浪聯盟在臉書上就有十四億次的互動與影片點閱人次，單一貼文最高有一．二四億次的影片點閱人次，是當年運動類表現最好的影片。格林伯格透露玄機，談到為何某些內容的表現優於其他。他說，雖然無法精準預言哪一支影片能爆紅，但你可以做到雖不中亦不遠矣。他靠經驗就知道，用無人機拍下的狗和主人共滑長板的影片反應會很好；幾乎保證一定能引發高度互動。他的團隊前一年創作一部得到最高點閱次數的影片（事實上，也是網路上整體運動相關類別內容的第一名），是海豚衝浪。這些成績引發他去想很多問題，思考這對於他的企業和品牌來說代表了什麼。他的公司舉辦全球規模最大的衝浪比賽（自然而然會大談特談衝浪競賽的種種），但也試著把衝浪營造成一種熱血生活風格的象徵，擴大內容以觸及想要學衝浪的人。因此，他必須自問，海豚衝浪的影片是否具相關性：和他的業務是否相關？

長期下來，這個問題的答案是「有的」。影片的成功讓他的團隊跨過門檻，可以和粉絲進行更廣泛的對話。衝浪不只是僅限於少數人的狹隘競爭性運動，也成為對很多人來說具有許多不同意義的事物。而且，由於衝浪是在大海中進行的活動，任何與海上經驗有關、能觸動人心的內容，皆可打動想了解衝浪並渴望嘗試之人。說到底，這項內容確實和品牌的訊息緊緊相繫。

去年與運動相關的前十大熱門影片全具備相同特質。其他九支影片拍的不是運動本身，而是相關的題材，內容包括中場表演，或是運動員把曲棍球圓盤送給小孩，或海軍陸戰隊員獻唱頌歌的幕後花絮。格林伯格分享他的心得：「抓住人們注意力的，都是緊接著活動出現的那些時刻，而不是活動本身。」

請檢視你的品牌所在的世界，看看有哪些主題、時刻會與周遭的氛圍相關。你可以推動哪些類型的內容，營造出暖心的連結，或讓觀眾對於你所做的事感到興奮？你能不能找到方法為他們提供熱血沸騰或特殊的生活風格體驗？你很可能並不知道，你的世界裡某些不起眼的時刻，在別人眼中卻分外有趣。

格林伯格的團隊在臉書上進行現場直播，打造出有史以來第一個由群眾外包製成的衝浪板。他們利用直播平台，詢問粉絲們想要的衝浪板尺寸，請衝浪板品牌創辦人海登．考克斯（Hayden Cox）即時打造。這只是世界衝浪聯盟實驗過諸多有趣想法中的一個。他們的團隊不斷嘗試新事物、主打產品、廣播日落時刻等等；基本上，他們並不自限於僅談衝浪比賽（他們的產品），而是試著營造整體而言和世界衝浪聯盟相關的生活風格。他們的目標，是要為粉絲提供好玩又有趣的內容。

☑ 不強迫分享

你可能也注意到了，很多品牌勸誘跟隨者標注朋友或請他們留言，藉此將貼文分享出去，這是很有效的策略，但你需要找到一個確切的理由讓人們這麼做。你需要營造出必要性，讓人們願意接受這樣的溝通，並擴散到他們的人際網絡。阿內森表示，大喇喇地直接要求人們標注朋友是最差勁的作法之一。身為行銷人員，你的任務是給人們一個理由讓他們能把其他人拉進來，而不是單純告訴他們該做什麼。請自問為何他們想要把認識的人帶進你的對話裡。

對群眾提問永遠是好策略。派拉蒙影業經常要求粉絲找找有哪個朋友讓他們想起正在宣傳的電影預告片中的某個角色，然後標注對方。這很廣泛、相關，而且群眾很輕易就能把朋友拉進來。你的行動號召要有具體的背景脈絡，確認這些和實際的內容有關，而且是以具創意的方式編入其中。

以恐怖片為例，阿內森的團隊會創作遊戲，之後才要求粉絲標注最容易被宣傳預告片嚇到的朋友。人們都喜歡看到朋友被嚇到的樣子，這會讓人哈哈大笑。或者，如果是浪漫愛情片的預告片，他們會問：「你最希望和誰一起體驗這樣的故事？」這就給了人們感性甜蜜的理由，把自己的情人拉進來。

無論何時，阿內森的團隊宣傳廣告時，直接要求人們採取行動（例如買票），這類廣告的分享次數都是最少的。我不是要教你如何操弄之類的，是要告訴你，如果希望別人幫你做什麼事，請把這件事變得看起來像你在幫他們做**他們自己**本來就想要做的事。不要直接要求他們去做你希望他們做的事，讓他們自己動手。不可要求他們分享，要讓他們**想要分享**。

快速放棄

社交媒體和約會不同，你在社交媒體上需要快速放棄。給你的受眾好東西！布朗斯坦說，他的團隊創作的影片在一開始就會提供很多資訊。他希望人們靠過來，想著：「喔，不知道這會怎樣？」讓他們持續保有興趣，想要繼續看到結尾，看看後續如何發展。比方說，鋪哏時將觀眾也納入其中，讓他們覺得自己也是整齣笑鬧劇裡的一部分橋段。

朱爾斯．狄恩也解釋，他會努力在影片前三、四秒傳達出「我保證興奮有趣的事馬上就要發生了」，以便緊緊抓住觀眾。他建議把簡介部分減到最少，讓影片快速推展，並保有高度互動性。

最近，臉書上有很多電影工作室也開始採取這種作法。他們會剪輯長五秒的電影預告片，在播放完整的預告片前先行播放，更快速地攫住觀眾的注意力。

花費很多心力製作的內容，不一定能讓很多人分享

人們以為影片製作精美就能引發迴響、獲得分享，因此會犯錯在花很多錢創作高價影片上。布朗斯坦觀察到，某些人把好內容和眾人分享的內容之間畫上等號，可是實際上，兩者不必然相關。內容除了要好或很出色外，還要能進一步在情感上和群眾搭上線，才能讓他們跨出一大步分享出去。

他以分享力公司替凱悅舉備的一場獎助活動為例說明這個概念。杜娃．黎波〈愛情守則〉音樂影片的幕後花絮是凱悅YouTube專頁上第二成功的影片，互動程度可說是熱鬧滾滾，但如果你去看凱悅的其他影片，只會看到稀稀落落的互動參與。這些影片都拍得很好、很有趣，但設計上並沒有考慮到互動。這些影片原本就被定位在好好說個故事，然而光是這點天生就讓它們無法變成大眾樂於分享的影片。

製作人喬．賈希尼也支持這個概念，他說，從發想概念到設計階段，你一定要想到你在為誰創作：

你不能僅把焦點放在創意這件事上，更不能只是爲了自己創作出色作品，因爲到頭來無法打動太多人，也不敷創作成本。可是反過來，你也不能創作不具意義的喧鬧與憤怒，滿是動畫和花招，全無實質的內容；雖然很美味，但全無營養。你必須同時滿足兩邊的主人，內容必須言之有物又能打動人心。

一開始就要在心裡訂下終極目標。最初先自問你想達成的目標是什麼，將其反映在內容設計上。如果你希望很多人分享你的貼文，一開始就要去思考貼文中有哪些讓人想分享的因素。

清楚的訊息

內容要讓眾人樂於分享，需要具備非常清楚的訊息與論述。阿內森說，人們必須要能理解你給他們的東西是什麼，不然他們不會去關注。他敦促內容創作者要清楚知道自己想呈現的是什麼。他也說明，如果你是刻意的，當然也可以用「我不知道這是什麼，但我覺得超有趣的」這種方式把觀眾搞糊塗。你要知道自己試著給群眾的是什麼，訊息才能引發迴響。這會讓你的內容更有相關性，群眾也更樂於分享。要找到讓群眾在乎的方法。

在思考你的整體訊息是什麼時，請回頭想想 Prince Ea 的建議並自問：「如果這是我拍攝的最後一部片，那我要說什麼？」透過這種方式，你就能深刻且真實地設定你的內容。就像 Prince Ea 說的：「發自內心、觸及內心的。」

要點提示與複習

- 創作讓大眾樂於分享的內容，是快速成長並讓粉絲持續投入的最好方法。
- 要服務他人，注重服務將會讓你不僅想到自己。永遠都要試著為他人付出，先想到別人。
- 運用好標題能為你的分享因素加分，因為這有助於釐清傳送的訊息，群眾也更可能去看內容。
- 和群眾透過情感相連結。確認你的內容能讓群眾有些感受，可能是讓他們歡笑、哭泣或有所感；請試著觸及群眾的內心。
- 不要假設人們觀看你的影片時一定會打開音效。替內容配上字幕，並確認你的訊息清楚透明，永遠都是好作法。
- 把影片介紹的部分減到最少。以快速且讓人興奮的方式直接切入主題。請記住，你只有一秒（最多三秒）的時間吸引目光並抓住人們的興趣。

- 善用意料之外進行操作，要有峰迴路轉，尤其是在影片結尾。
- 不要明顯強加行動號召。給群眾理由願意分享、把他們的朋友拉進來，不要只是直接說「追蹤我」，或是「看看這個」這類的話。想一想有什麼具創意、有趣的點子，能夠激發人們投入並採取具體行動。
- 每一份內容本身都必須與眾不同。不要因為大家都看過你所有的內容就自以為是。就算他們看過，你也不可期待他們記得住之前曾看過的。
- 不用擔心，放膽創作或善用和你的主題**有關聯**、但不必然完全**關於**這個主題的內容。分享和你的品牌倡導的生活風格相關的時刻，這樣的內容也很強而有力。（當你感到懷疑時，請想想日落資訊和海豚衝浪的影片為世界衝浪聯盟所帶來的魔咒般的功效。）
- 跟隨你的直覺，並抱持真心誠意。社交媒體是一場雙向對話，當你是真心並與真實的自己相連結，別人就比較容易和你連結。

第六章

策略聯盟

建立策略聯盟夥伴關係可以幫助你快速擴大規模。如果你無法花太多錢來擴大平台，或是你想利用純粹的有機策略成長，策略聯盟特別有效。這類夥伴關係會帶你走進受眾已存在的地方，不用全部從零開始。你只需要知道怎麼樣才能找到、並形成讓你快速擴張品牌的適當合作關係。利用我之前提供的工具，建立數目龐大的追蹤群眾，絕對能幫助你脫穎而出，成為潛在夥伴想拉攏的對象，不過還有很多其他的方法也行。本章將會幫助你跳脫框架思考。

對於某些最具影響力的社交媒體網紅來說，聯盟正是成功的關鍵。魔術師兼社交媒體創業家朱爾斯．狄恩就把他的成就歸功於合作關係。他一開始採行的是「以分享換分享」策略，他在臉書上分享他人的內容，對方也以分享他的內容作為回報。他盡可能去接觸大規模的粉絲專頁，也幫了他們很多忙。剛起步時，他甚至還付費給某些人，讓他在他們的專頁上刊載他的貼文。這些策略幫助他的臉書粉絲專頁一開始就飛速成長（現在已有近兩千萬人追蹤），他的 Instagram 也同樣受惠（目前已超過六百萬人追蹤）。

如何找到夥伴並搭上線

了解你要瞄準的目標是誰，可以幫助你選擇適當的夥伴。如果你知道要接觸的群眾是哪些人，下一步就是找出與你有相同顧客和群眾的帳號、品牌或個人。舉例來說，如果你經營的是女性服飾品牌，鎖定的對象是介於十八至三十五歲之間的女性，那就去看看還有誰也有同樣的受眾：去找出並鎖定具同樣人口統計特質的網路紅人與平台。

一旦選定想要結盟的對象，就要不屈不撓。儘管一開始伸出觸角時遭拒，也不能放棄。請和對方易地而處，試想如果你是對方會想要得到什麼。就算對方的影響力看來比你高得多，你多少還是可能提供他一些好處。**想一想是什麼因素讓你獨一無二**。

另一項重要戰略，是著重於和超級連結者（superconnector）建立關係：這是指和很多人都有聯繫，而且是你可以觸及到的人。鎖定這些人，是因為他們認識你想建立關係的對象。在你所屬產業找到這一類人，幫你和你想要會見的夥伴搭上線。舉例來說，如果你想和泰勒絲合作，可能無法直接去找她，你要找到已經認識她的人。若非我之前就和MTV電視台建立起關係，也沒機會和她共事。

去找找看誰是你的潛在合作夥伴所信任的顧問。MTV電視台不是接觸泰勒絲的唯一管道，她有父母、朋友、經紀人、導演以及合作的舞者。你有很多不同的方法去接觸這些人，直接去找大明星很可能沒有下文，你需要計畫。

先從瞄準和你的層次比較相近的人開始，也是聰明之舉。如果你要開設精品服飾店，你所在的鄉鎮裡很可能就有一些具影響力的人，不一定要找金·卡戴珊（Kim Kardashian）合作才能成功。你所屬的社群裡面，很可能就有可以結盟的風格潮流偶像或時尚部落客。（如果你是在地企業或品牌，我在談Instagram的那章提供額外策略，告訴你如何去尋找並接觸在地的網路紅人。）

＊＊＊

善用你手上擁有的任何東西

有時候，能走到目的地的路並非直達。演員柔伊·貝爾（Zoë Bell）一開始是特技演員，昆汀·塔倫提諾（Quentin Tarantino）導演的很多部電影裡都有她的身影，她也在《追殺比爾》（*Kill Bill*）裡擔任鄔瑪．舒曼（Uma Thurman）的特技替身。由於她經常和塔倫提諾合作，最後他選擇她擔任二〇〇七年電影《不死殺陣》（*Death Proof*）的女主角。雖然貝爾一開始從事的是特技，但她創造了價值，和好萊塢一位最頂尖的導演建立起關係，以始料未及的方式走進影壇。

大衛．林區（David Leitch）的故事也很類似。他一開始也是特技演員，在《V怪客》（*V for Vendetta*）、《鬥陣俱樂部》（*Fight Club*）、《300壯士：斯巴達的逆襲》（*300*）和《神鬼認證：神鬼疑雲》（*The Bourne Supremacy*）等片裡現身，建立起關係，成爲第二組導演，最後則執導了《捍衛任務》（*John Wick*）、《極凍之城》（*Atomic Blonde*）和《死侍2》（*Deadpool 2*）等片。

這些故事有何寓意？是叫你去上特技課嗎？不。是要你自問：我可以爲所屬產業裡的重要人士帶來哪些價值？

脫穎而出、受到關注、與眾不同。你可以提供的東西，不一定非得是你最想要做的事。有些事可以很簡單，比方說，在另一位網路紅人的內容裡跑龍套或參與額外角色，很可能會促成未來的內容合作。基本原則是，爲你所屬產業的重要人士提供價值，能讓你和對方開始建立眞心誠意的關係。這可讓你進入他們的範疇，而且，隨著關係逐步發展，他們很可能希望能幫助你或更大量借用你的才能。

* * *

一兩個就有用

喬伊萬·偉德（Joivan Wade）是臉書粉絲專頁「喜劇之牆！」（The Wall of Comedy!）的創立者，擁有四百二十萬名追蹤者；他開始演出第一部網路影集時，就發訊息給臉書上每一個和他有連結的人，請求對方：「嘿，我知道你可能很忙，不知道你能不能看一下我的線上影集？」其中有些人最近才回訊息給他說：「嗨，喬伊萬，我看到你拍的第一部好萊塢電影了，我真替你感到驕傲，你表現得太棒了。」臉書的通訊紀錄仍保存著他之前發送出去的訊息，這些人七年前並沒有回應他，等了七年才說為他感到驕傲。以他發送出的訊息來說，僅有千分之五的人即時回覆他。

不見得每個人都有時間或非得幫你、與你合作。但你要不斷敦促自己，直到得到想要的結果。換言之，不要只傳訊息給五個人，然後眼巴巴看著五個人都沒回覆你而感到挫折。發訊息給一百個人，接著再發給另外一百人，一直到你找到支持你的人或適當的合作夥伴為止。就算只有二、三個人想跟你合作，那也很重要。能幫助你成長的是品質而非數量，聚焦在一、二個重要連結或合夥關係上就好。

提供獨特的價值

先前被蘋果公司收購的沙贊（Shazam）公司便是一個完美的範例；這家公司一開始很小，提供了獨特價值（一款可根據裝置麥克風播放的簡短旋律來辨識曲目的應用軟體）。克里斯．巴頓（Chris Barton）是沙贊的創辦人兼董事，過去也是谷歌安卓

（Android）業務發展主管，他向來注重利用合夥開發業務以加速成長。巴頓說，沙贊公司初創立的前六年可謂創業維艱，之後才有了一些成績。這是一家小型新創公司，早在智慧型手機上頭有應用程式前就開始打造平台。最後，沙贊公司和美國電話電報公司（AT&T）結盟，一起經銷音樂辨識應用程式，於草創時期幫沙贊賺進大筆營收。即便相對規模不成比例，但是沙贊的技術對美國電話電報公司而言極具價值，提供後者有別於其他電話服務供應商的能力。沙贊從這次合作當中賺到的錢，也幫助他們進一步開發科技。

沙贊和美國電話電報公司合作時並未掛上品牌，這表示沙贊的品牌在美國電話電報公司的平台上無法和這項科技有所連結。因此，巴頓和他的團隊始終想尋找機會以提高品牌知名度，同時拓展公司。二〇〇七年 iPhone 問世，那時 App Store 尚未問世，巴頓的團隊想：「如果我們能把沙贊推上 iPhone，那不是很棒嗎？」二〇〇八年，蘋果公司開始整合 App Store 準備上市。他們去找了一些公司，沙贊就是其中之一。巴頓說，這種「好運」來自於他們提供的產品很獨特。

沙贊公司也在此時起步擴展規模，觸及廣大群眾。當時 iPhone 的銷售量僅有一、二百萬支，不像今日這般狂銷，但對沙贊而言，這改變了整場賽局。人們下載他們的應用程式，而且，下載量也隨著 iPhone 銷量的提高而增加。

巴頓說，真正為沙贊公司帶來莫大成就的，是 iPhone 應用程式平台帶來的便於取用，再加上簡單但出色的使用者體驗。當人們發現按一個按鍵便能立刻知道曲名時，感覺就像變魔術一樣。這讓使用者非常開心，他們會拿這組應用程式向朋友展示，進而帶動大量的口碑成長。因此，如果你可以提供獨特價值並找到適當的夥伴，就可以為自己取得優勢地位，追求大量成長。

YouTube 是另一家因提供獨特價值並找到策略聯盟而成長的公司。這家公司創立後的二十二個月內，就被人以十六億美元收購，因為它策略性地借用 Myspace 平台，將流量導入自己的平台。YouTube 製作了程式片段碼（現在稱為嵌入碼），讓人們把影片嵌入他們的 Myspace 檔案。這在當時是一種創新，YouTube 變成了 Myspace 的第一影片播放器。當使用者看到朋友把影片嵌入 Myspace 檔案中，他們通常也想跟著做。YouTube 能成長，是因為大眾從 Myspace 檔案中看到，而且，使用者甚至在沒有意識的情況下就分享了 YouTube 這家公司的相關資訊。

YouTube 也做出一些明智的布局，例如把標誌放在播放器上，並加以設計，當使用者點選影片時，就會把他們帶到 YouTube 的網站。有一點很重要必須一提，這是一種不同類型的策略「聯盟」，因為實際上剛開始時，Myspace 根本不知道居然有這種事。在 YouTube 培養出關鍵人數前，Myspace 曾試著阻止，但為時已晚。當 Myspace 最後終於注意到 YouTube 誇張地成長時，前者的因應之道是關閉 YouTube 的嵌入碼，卻引發 Myspace 的用戶出走，迫使 Myspace 再度開啟。之後，Myspace 試著買下 YouTube，可是出價輸給了谷歌。所以說，有時候你甚至不用簽訂「正式」的結盟關係，也可以將來自社交與數位平台流量的價值發揮到極致。以這個例子來說，YouTube 利用的是 Myspace 容許用戶檔案中有嵌入碼，藉此培養自己的群眾。Instagram 鼓勵人們在他們的臉書檔案中分享美好的照片，將更多用戶帶到 Instagram 的平台，也因此快速大規模成長。臉書雖然知道這件事，但這兩個平台間向來並無正式的結盟關係，直到二〇一二年，臉書才收購 Instagram。

Zenga 的作法雷同，二〇〇一年草創時，也利用了臉書平台。當時，臉書容許遊戲用戶發送邀請給朋友，例如「某某某希望邀請你一起玩……」。臉書最終改變了送出邀請的方式，只是那時候Zenga早已善用這項工具，壯大成一家價值十億美元的公司。

巴頓也指出，Dropbox（他曾在這家公司擔任行動業務發展主管）是另一個因結盟而成長的案例。Dropbox無所不用其極，試過各種戰術以帶動成長，末了，效用最大的，是利用贈送免費儲存空間誘使用戶邀請朋友。基本上，Dropbox是和用戶締結合作關係。

策略聯盟確實有用。我就是靠著策略聯盟才找到我的客戶泰勒絲和蕾哈娜，我和MTV頻道在我打造的平台上結盟，MTV則引介我認識泰勒絲與其他重要名流。只要你善用你提供的獨特價值，就能接觸到能協助你成長的適當人選，其中的奧妙將讓你倍感訝異。

贈獎

贈獎是另一種結盟策略，很多品牌都用過，在好萊塢尤其風行。品牌付費以被納入贈禮套裝組，把產品送到名流手上。你免費致贈產品給名人，換得拍到他們使用或手握產品的照片，這能讓你的產品在更多人面前曝光，讓產品在他們的粉絲眼中更具品牌信譽。

☑撰寫專題文章

不必成為應用程式開發商、科技專家，甚至無須銷售產品，策略聯盟同樣可以為你帶來益處。你只須找出誰需要你的技能。

你可能是時尚部落客或時尚設計師。如果是這樣，你可以為另一個規模稍大於你（或大很多）的時尚部落格撰寫專題報導，要確定你找到的對象所擁有的群眾符合你的設定目標。你可以於一個月內週週免費寫一篇文章，只要你的目標對象使用你的名稱並鏈接回你的部落格就可以了。這能讓你的品牌、平台或產品在其他人面前多多亮相。

找到擁有流量的人並為他們提供價值

當我替從事電影製作與融資的湖景影業（Lakeshore Entertainment）效命時，我想要和電影部落客結盟。當時，大多數電影部落客都不受重視，但哈利・諾列斯（Harry Knowles）是異數，他創辦並經營「這個消息可酷了不是嗎」（Ain't It Cool News）網站。他是電影圈人士唯一想要合作的部落客，但是他們並沒有以禮相待，只是一味想把自己的內容放進他的部落格裡。

為了改變這樣的動態並和電影部落客建立更優質的聯盟，我們團隊開始舉辦私人派對，邀請演員和導演等電影界人士參與，和部落客一起聊聊。我們把部落客視為搖滾巨星、親密摯友，並在過程中讓他們覺得自己被納入。此外，我們也為他們提供獨家內容。比方說，我們和演員傑森・史塔森二〇〇六年合作宣傳《快克殺手》（*Crank*）時，就為頂尖的電影部落客專門錄製量身打造的影片簡介，因應本片上映。

使用這些戰術，是因為我們知道電影部落客擁有廣大群眾，而我效命的電影公司則必須用更低的行銷預算發動攻勢，每部電影約為一千五百萬到三千萬美元。聽起來是一大筆錢，但是和大型電影公司動輒五千萬到一億美元的行銷預算相較之下，根本不值一提。我們團隊必須找到聰明的方法脫穎而出，行銷我們的電影。藉著和電影部落客結盟，我們建立起關係，讓更多人關注我們的內容。

我並不是說你要出門去參加大型派對。你只需要找到所屬產業裡誰具備影響力、誰又擁有廣大群眾，然後盡可能拿出最大的誠意關注他們即可。

協作

和適當的人協作可以幫助你建立並壯大群眾。如果你是音樂人，你可以免費為他們的影片提供配樂。如果你是模特兒，你可以聯繫 Instagram 上每位與你屬於相同小眾市場的重要攝影師，對他們說你願意為他們下一次的品牌活動提供免費服務。如果你是運動員，也可以和其他運動員合作。比方說，職業衝浪手可可．何（Coco Ho）與她男友——滑雪板專家馬克．麥莫瑞斯（Mark McMorris）經常在 Instagram 和臉書上貼出對方的貼文，互相拉抬，培養出各自的群眾，也順便將這些人帶到對方的社交網路管道。透過協作以及敦促粉絲到對方的網站，向來都能大幅提升你在YouTube上的成績（我們會在第九章進一步深入探討這個部分）。

要讓這類關係蓬勃發展，重點就在於掌握社交媒體動態。建立雙方互利互惠的結盟關係，利用策略性協作與夥伴關係，帶動你的品牌並促進成長。

* * *

杜娃・黎波／凱悅酒店協作

分享力公司的總裁兼策略長艾瑞克・布朗斯坦，做過一項由歌手兼歌曲創作人杜娃・黎波和凱悅酒店協作的獎勵活動。[1] 凱悅酒店來找分享力公司，說

1. "Dua Lipa's New Rules Music Video, The Confidante Miami Beach Part of the Unbound Collection by Hyatt, Winner in YouTube Partnership," 10th Annual Shorty Awards, http://shortyawards.com/10th/dua-lipa-new-rules.

他們想做一些和音樂有關的活動，但是找不到適當的執行方案。分享力公司建議，酒店可贊助一位很酷的明日新星拍攝音樂影片，交換條件是，對方要在凱悅想要推廣的其中一家酒店拍攝影片。目標酒店會成爲影片的背景和場景，也會在酒店裡拍攝多支幕後花絮影片，在凱悅的 YouTube 頻道上播放。

凱悅接受這個概念後大力推動，選定了邁阿密海灘的知己酒店（Confidante Hotel）。知己酒店屬於凱悅的無極限精品酒店系列（Unbound Collection），該系列都是一些引領潮流的精品酒店與獨立酒店，和凱悅管理階層有所合作。知己酒店實際上非凱悅旗下品牌，但公司希望能吸引比較年輕的客層，因此這是一個好選擇。分享力公司選擇和杜娃．黎波合作，這是一位即將大紅的歌手。她具備國際性的魅力，而且很能吸引年輕群眾。他們去找她，對她說明這項計畫，她同意參與。

〈愛情守則〉音樂影片只在前三秒秀出酒店全貌與名稱，但所有場景都在酒店裡拍攝，包括房間、走廊、游泳池、餐廳和小屋。分享力公司確保爲觀眾提供完整的旅館體驗。

〈愛情守則〉目前有超過二十億的點閱次數。杜娃．黎波受歡迎的程度也大幅增加，串流播放次數從一個月一千三百萬次遽增到一天四百萬次。這部影片讓她的事業大躍進，凱悅頻道上的幕後花絮影片目前則有超過兩千萬次的點閱，這項協作對於雙方都大有好處。凱悅酒店目前深獲唱片界的各家公司認可，成爲最完美的新歌手合作夥伴。凱悅與知己酒店之後也成爲音樂雜誌文章中的主題，登上大型雜誌如《滾石》（*Rolling Stone*）和《告示牌》（*Billboard*）。每一篇提到這部成功音樂影片的文章都會講到「杜娃．黎波在邁阿密海灘的知己酒店」。這家酒店曝光率因而大增，成爲影片的聯合主角。

＊＊＊

想一想你的結盟關係可以引發哪些頭條消息

派拉蒙影業前任數位行銷副總裁拉森．阿內森說，電影公司經常利用策略性合夥關係，以利大規模發送訊息及提升品牌知名度。

有時候，他的團隊會去思考策略性合夥關係可以創造出怎麼樣的標題：想辦法抓住人們的注意力，並且符合電影敘事。電影公司的高階主管一向希望創造出的成果能讓人們更深入參與品牌，並促使人們真的走進電影院看電影或和內容互動。有一次，阿內森參與優步（Uber）和二〇一四年電影《變形金剛4：絕跡重生》（*Transformers: Age of Extinction*）的結盟案。人們在美國的三、四個主要大城市透過優步叫車服務時，可以叫到柯博文（Optimus Prime）；這是《變形金剛》系列中一個虛構的汽車機器人角色。這個行銷方式善用了電影的主題，因為該電影講的就是人類和可偽裝成汽車的外星機器人之間的關係。這是獨特且深富創意的結盟，引發大量興趣，也嘉惠了兩家公司。

阿內森建議，締結合作關係前先自問兩個問題：⑴會有人注意到這項活動或結盟關係嗎？⑵合作關係能否**拉抬你的品牌**？亦即，能不能讓人們用任何方式互動或採取行動？這些是極重要的元素。你可以想一些媚俗的點子，可是如果實際上無助於你的品牌，那就沒有用。只是為了瘋傳而瘋傳，毫無意義。它必須要能**強化**你想要達成的任何訊息或目的。

網紅匯聚的平台

要替你的品牌找到相關的影響人士，有個方法是利用網路紅人匯聚的平台，例如CreatorIQ、Speakr或Traackr。在網紅匯聚的平台上，你可以針對各種變數進行搜尋。他們可以幫助你打造參與團體（engagement group），或者，你也可以付錢給頂尖的網紅，請他們替你的照片按讚或留言，以促成瘋傳。如果你想推銷自己進而成為一名網紅，或尋找可能協作的品牌，也可以善用這些平台。

要選對網路紅人，就必須先思考你的公司目標以及你的顧客是哪些人。之後，你可以編製清單，列出最能幫助你接觸到這些群眾的人。在網路紅人匯聚的平台上，你可以根據網紅的類別進行搜尋，比方說商業、金融、旅遊、護膚、飲食等等，也有些類別和所有領域都相關。你也可以再細分，比方說地點、平台、品牌、名人、貼文頻率、檔案類型、近期貼文、擁有多少追蹤者等等。

請謹記，你需要持續驗證與嘗試接觸不同的網路紅人。大衛・吳說，多年來，他的團隊測試超過五千位不同的網紅，並從中尋找報酬率最高的人；不是每一位網路紅人都能為你的品牌帶來價值、提升表現。就算他們擁有千百萬的受眾，也不代表你和他們合作就能自動產生效果。重點永遠都在於測試與找尋最適合的人。

☑ 分享及參與團體

分享及參與團體是很好的結盟形式，有助於快速有機成長。臉書粉絲專頁「喜劇之牆！」的創辦人喬伊萬．偉德，即擅長以參與團體策略，作為帶動其專頁成長，且讓內容瘋傳的重要元素。他的公司和不同的專頁與平台共同打造出一個分享網絡，每當網絡中有誰創作出內容，就會發送給當中的每個人，之後大家可以在自己的粉絲專頁上分享，或者在原創者的專頁上對內容按讚或分享，又或是雙管齊下。比方說，會有人把影片或照片上傳到 Instagram，之後，分享網絡中的五個人會上來按讚或留言，而這些人全都擁有大量的追蹤者。如此一來，內容就更有機會登上 Instagram 的探索頁面（Explore page），有利於提高能見度，並讓原始貼文者有機會留下大量的印象，進而帶來更多追蹤者。

和分享彼此貼文的人發展成一個社群，可以讓更多人看到你的內容。偉德就舉了一個例子，說明英國演員邁克爾・達帕阿（Michael Dapaah）虛構出來的角色大俠客（Big Shaq）如何爆紅。他說，它之所以能轟動流行，主要是因為有很多重要的社交媒體帳號都同時分享，而快速分享讓大俠客如病毒一般流行起來。

你不能假設由你自己的群眾分享內容就夠了；要有策略性思維，找到夥伴。透過這種方法，你們可以在支援團體中攜手並進，推動對方的內容。找到和你同類型領域的帳號、粉絲專頁和個人，如果你是喜劇演員，去找其他喜劇演員；如果你是藝人，去找其他藝人；如果你是攝影師，去找其他攝影師。尋找同業，問問看他們是否願意結盟、和你同在相同的團體。或者，他們可能已經身在另一個團體，你可以加入。一起努力，你們將可以更成功。

借重他人的內容以求快速成長

偉德不到兩年就讓他的臉書粉絲專頁「喜劇之牆！」累積出四百二十萬追蹤者，目前每個月有超過三．五億次的點閱。這完全是有機成長；他的團隊從未花過一分錢買廣告。從偉德的觀點來看，如果你有充滿創意的熱情和適當的點子，不一定要花廣告費用。

他的臉書專頁有許多出色之處，其中之一就是七〇％都是授權而來，僅有三〇％是原創。他借用他人的內容幫助自己建立受眾，之後他的團隊可以回頭向這些受眾推廣自己的原創內容。有一點很重要、必須一提的是，偉德並未付費購買授權內容；他只是容許影片創作者觸及他培養的群眾，提高他們的曝光率。將自己的系統結合有機策略是一個聰明方法。培養出大量的追蹤者，之後去接觸內容夥伴、獲得免費授權取得他們的內容，用以交換讓他們的品牌出現在你新建立的群眾面前。

網飛是一個絕佳範例，運用的也是類似的策略。網飛最初起家時，使用的便是各類型大眾都愛看的授權內容，例如電視影集《新鮮王子妙事多》（*The Fresh Prince of Bel-*

Air）以及迪士尼電影。網飛將觀眾帶進一個影視中心，讓他們可收看所有自己喜歡的節目和電影，讓這家公司可以輕鬆培養出群眾。一旦群眾壯大到一個程度，網飛就開始創作並推出原創內容。

當他們的原創內容問世時，就……**碰**！外面已有拭目以待的觀眾，公司因此有了可借力使力的槓桿，推出《紙牌屋》（*House of Cards*）和《勁爆女子監獄》（*Orange Is the New Black*）等大戲。如果沒有網飛已經建立好的受眾，這些節目會這麼成功嗎？這很難說，但我們知道的是網飛早在十幾年前就透過授權內容來培養顧客，比播出原創節目早了許多。

裘金媒體堪稱爆紅影片界的蓋帝圖像公司（Getty Images），同樣是善用他人的內容為企業創造出豐厚獲利。裘金媒體從世界各地取得授權，取得使用者自行創作的爆紅影片。這家公司為旗下頻道提供內容，也成為其他人的大型影片資料庫，讓人們可以借用裘金媒體打造自己的品牌。裘金媒體的資料庫內容包括了搞笑的出錯影片（例如有人從某個地方跌落、惡作劇）、寵物影片，以及人們做出驚訝之舉的影片（例如後空翻、讓人讚嘆的特技）。裘金媒體合作的對象包括全球某些最大型的電視節目、媒體公司、最大的數位出版商和網站，例如美國線上（AOL）、《赫芬頓郵報》（*Huffington Post*）以及雅虎。公司背後的理念是，你可以多次重看同一部影片；內容可以重新包裝、重新設定目的。由於拍攝影片的成本很高，從無到有創作內容很困難，這家公司找到方法延長了影片內容價值的壽命，進而幫助了許多品牌。該公司目前在YouTube與臉書約有八千萬追蹤者，能培養出如此廣大的群眾，皆因善用其他創作者的創作影片，加上真實內容的力量。裘金媒體的團隊成員已經成為專家，收集到許多資訊，知道哪一類型的內容可造成自動瘋傳。

無論你是經營企業、正在平台上辛辛苦苦營造大量參與互動，還是從無到有打造品牌的個人，都可以和其他人或品牌結盟，授權取得或借重他人的內容，或是加入分享和參與團體，以實現更多采多姿的內容策略取向。你還是可以將原創內容定為最優先並大力推廣，但也可善用策略聯盟的力量，以大幅壯大你的群眾並提高參與度。

要點提示與複習

- 策略聯盟可以帶領你到已經有群眾的地方，讓你不用從頭來過。
- 結盟有助於大規模傳播訊息與提高品牌知名度。
- 找到能帶動成長的策略夥伴關係。你想要的是品質，而非數量。
- 找到你可以接觸到的超級連結者，讓你和其他人能搭上線。
- 設身處地為夥伴著想，思考對他們來說很寶貴的是什麼。
- 接觸夥伴時要有創意。想一想你能提供的獨特價值，以及這價值該如何符合你想要接觸的對象之需求。
- 以「分享換分享」為基礎運作。
- 一開始，尋找可以接觸到的夥伴；就算對方不一定比你擁有更多追蹤者，也能幫助你。
- 建立或加入團體，讓你可以和他人分享與創作內容。內容會爆紅，是因為有很多人同時分享同樣的東西。

- 尋找能登上頭條的夥伴關係。
- 授權取得他人的內容，是以高成本效益幫助你成長的好方法。
- 先培養出大量的追蹤者，之後去接觸內容夥伴，並取得對方免費授權的內容，以交換讓他們的品牌可以出現在你新建立的群眾面前。

第七章

走向全球（良機）

走向全球可以說極具價值。目前，美國有三．二三億人口，但全世界有七十六億人口。最重要的名流與網路紅人向來都有全球計畫，企圖在其他國家培養群眾：這是擴大規模、成為真正巨星的絕佳方法。

榮獲艾美獎的製片邁克爾．胡爾科瓦奇也認同。他說，嘻哈音樂天團黑眼豆豆（Black Eyed Peas）之所以能成為世上最大型的品牌之一，就是因為他們知道如何和國際群眾搭上線。他們去巴西時，團長威爾（will.i.am）會穿上巴西國家足球代表隊的隊服；去墨西哥時，團員塔布（Taboo）會帶上墨西哥的國旗。他們是世上唯一在法蘭西體育場（Stade de France）演出時門票銷售一空的團體，現場八萬個座位座無虛席，而且這樣的紀錄還達成了三次。就連美國知名饒舌歌手傑斯（Jay-Z）都欽羨他們的成就，說道：「如果我像你們一樣，在美國以外也能這麼受歡迎，我就樂翻天了。」如果你知道如何借重全球群眾，就能大幅拓展你在世界與家鄉的機會。

然而，我想指出，雖然全球是一個絕佳的機會，卻不必然適合每個人。我為本書做了大量深入研究，我發現，以規模來說，新興市場將會是社交媒體與數位世界的下一個重要決勝地。然而，如果你是一間只經營美國市場的電子商務公司，走向全球就不是你的首要事項，你也無需爭取新興市場的群眾與追蹤者。

可是，就算你不在海外銷售產品，擁有全球性的受眾仍可幫你建立起認同與信譽指標。無論追蹤者來自何處，有一大群人跟著你，會讓人比較願意認真看待你。走向全球，通常是能在短期內快速擴張規模，讓你獨一無二、脫穎而出的絕佳機會。

如果你是演員、導演、歌手或藝人，國界尤其不算什麼。歌手可以在任何地方銷售自己的音樂。《美國偶像》（*American Idol*）決賽參賽者潔思敏・崔雅絲（Jasmine Trias）的專輯在美國僅銷售了一萬四千張，在菲律賓卻贏得白金獎。如果她沒有從全球觀點思考，就會錯失大好機會，無法繼續她成為專業歌手的美夢。如果你是一位演員，請記住，六到七成的票房營收都來自美國以外，這表示，國際銷量遠高於本土。如果你走進電影公司或選角導演辦公室時，可以說：「你也知道，印度是全世界第三大電影票房市場，每年票房總營收高達十九億美元[1]，而我在印度有多少多少追蹤者」，這應能

1. “2016 Theatrical Market Statistics,” Motion Picture Association of America, https://www.motionpictures.org/research-docs/2016-theatrical-market-statistics-report.

讓你脫穎而出，賦予你一些優勢。如果你在一些重要的國際市場裡擁有群眾，比方說墨西哥、巴西、印度、印尼、波蘭或土耳其，絕對能讓你殺出重圍，至少能讓你看起來聰明又奮發。電影界正在花大錢經營這些地區，某些電影甚至是因為國際票房還不錯才得以生存。

看見世界其他角落的機會

就像我剛剛提過的，全球有七十六億人口。太多企業目光都過於狹隘，往往忽視了其他國家的人。我一向大力主張要突出、不同於他人，在美國或英國要做到這一點比較困難，因為有太多人在這些市場爭取群眾。就算你是創意天才、擁有真正驚人的價值可以提供給大家，不拓展範疇就很難贏得關注。

人們會認為，在美國、英國與加拿大享有市占率比較重要，勝過在其他地區享有一席之地。如果你在這些地區擁有群眾，你的價值確實會大幅飆漲，但是，你也不應貶低其他地區的機會。我建議你到尚未飽和、競爭較不激烈的不同市場去測試你的內容或品牌。

WhatsApp 便是一個好例子，這家公司成功做到這一點。他們在馬來西亞、土耳其、沙烏地阿拉伯、印度和巴西開疆闢土，順利贏得廣大市占率。多數人會自動忽視這些國家或認為它們無關緊要，但 WhatsApp 反其道而行，在這些地方培養群眾並擴大規模。WhatsApp 背後的團隊努力打造公司，最後以一百七十億美元的價格被收購，是當今規模最大的科技收購案之一。

臉書買下 WhatsApp 的主要理由之一，就是看上了它的國際群眾。臉書在美國、英國和加拿大等「高價值」市場已經擁有夠多的顧客，需要機會把觸角伸到世界其他角落並擴大規模。

成本效益

如果想要接觸新興市場的群眾，目前利用臉書的廣告平台可達成極高的成本效益。

在印度、印尼、巴西或墨西哥獲得一名追蹤者或一個讚，要比鎖定在美國的人更便宜。這是因為，這些國家沒有這麼多人互相競爭，因此有大量的廣告數量可供拍賣。比較少人在這些地方出價，所以吸引使用者或吸引用戶互動的成本非常低，這代表大有機會去擴大全球群眾的規模。

要在印度或其他新興市場獲得一位追蹤者，成本可以低至不到一美分，但如果你想要在美國爭取一位追蹤者，成本約為七到十美分。同樣的，價格會因為你的內容品質而有波動，但這代表著一個重大機會。

☑新興市場優先

要讓很多人追蹤貼文或與之互動，有一個極高效策略就是先發送到新興市場。新興市場比較便宜，而且按讚與分享的速度多半更快。通常，一旦貼文在這些地區累積出牽引力，你就可以將貼文重新導回給國內的目標受眾。

這種方式有用，是基於認知價值與信譽。想像有兩項內容同時進入你的饋送管道，一邊有一萬個讚，另一邊則只有五個讚。你比較會認真看待哪一邊？參與度較高的可能會比較吸引你，即便兩則恰好是一模一樣的貼文，結果也相同。一般來說，獲得一萬人按讚的貼文比較能讓其他人與之互動，因為看的人會覺得這樣的內容似乎比較有價值。

我多半會先從比較便宜的市場開始培養參與度。由於成本低但參與度高，我可以在新興市場讓十萬人替某張照片按讚。之後，我會回頭，重新鎖定成本較高市場的人們。這麼做，也讓我在競爭激烈的市場裡能以較低的成本得到更多互動，因為我發現前述的作法有助於壓低拍賣時的價格。如果一項內容引發大量的參與度，臉書的演算法就會將它歸入好內容，無論原來的參與來自何處，都容許你在美國、英國與加拿大用較低的價格出價。（在臉書工作的人如果讀了這本書，這點未來可能會改變，所以，在還有機會能用時趕快使用。）

☑平價卻有價值的國家

要設定目標以帶動大量的參與度，就臉書廣告平台而言，印度和印尼是最便宜的國家。很多非洲國家也很平價，但是我不會投入太多在這些地方，因為這對於我的客戶來說報酬價值並不高。話雖如此，還是有很多大品牌大舉投資非洲，因為那裡的規模極大。巴西和墨西哥也是具成本效益，且參與度頗高的區域。

我發現，印度是一個有著大好機會的國家。雖然該國的國民生產毛額低，但人口數龐大，有超過十三億的人口；這是全世界人口次高的國家。宜家家居同樣看到當地的成長機會，在未來十五到二十年要投資二十億美元，於印度各地開立二十五家新店面。美國媒體大亨魯伯．梅鐸（Rupert Murdoch）的公司也花了二十六億美元，超過臉書出價的六億美元，贏得印度板球賽的獨家轉播權。[2]臉書在二〇一七年時也宣布印度已成為他們群眾最多的國家，用戶達二．五一億人，未來五到十年，可以在印度再獲得十億用戶，如此一來，以今天的總用戶數量來說，就占了一半。你可以看到，有些聰明人早就把焦點放在印度，因為它以具有成本效益的速度，提供了極大的成長機會。

但是，如果你真的希望大家分享你的內容，我建議你去巴西做測試。和專業衝浪人士合作時，我發現巴西的分享文化很風行。巴西人極愛在網路上分享內容，任何其他社群都比不上。世界衝浪聯盟的社群長提姆．格林伯格也認同。巴西的職業衝浪手加布里埃爾．梅迪納（Gabriel Medina）贏得世界冠軍時，世界衝浪聯盟多了很多追蹤者而且大幅成長，這都要歸功於梅迪納家鄉的粉絲。

* * *

全球市場對於沙贊公司而言的重要性

沙贊公司的創辦人兼董事克里斯．巴頓說，他們一開始問世時，美國還沒

---

2. Simon Kemp, “India Overtakes the USA to Become Facebook’s #1 Country,” The Next Web, July 13, 2017, https://thenextweb.com/contributors/2017/07/13/india-overtakes-usa-become-facebooks-top-country.

準備好迎接「沙贊類型的經驗」。當時歐洲的行動科技比較先進，因此，如果以人口平均值來說，沙贊在歐洲風行的程度持續高於美國。現在，沙贊的用戶來自四面八方，該公司在拉丁美洲、加拿大、澳洲、巴西、印度、俄羅斯以及亞洲某些地區都很受歡迎。巴頓認為，如果你想要讓用戶規模達到最大，絕對需要考量新興市場。

但他提出警告，新興市場不見得容易突破。他看到這些市場裡的在地競爭對手通常都超越外國人，因為他們把企業在地化做得更好。所以，如果你想把新興市場納入企業中，請多做研究，而且要明智以對。

＊＊＊

國際市場帶動成長的力量

如果你有一項可以跨入其他市場的產品，請看看是否有全球性的機會：請多花點注意力在這些機會上，仔細考量，並放入你的發展規劃藍圖中。參與企業早期階段發展的天使投資人（angel investor）伊蒙．卡瑞（Eamonn Carey），在全球投資超過三十一家公司。他和許多大企業合作，例如百威英博（AB InBev）和耐吉（Nike）；為英國、中東和亞洲的企業拓展規模；在歐洲和中東與人共同創辦《惡棍農場》（*Farm-Villain*），為模仿電玩遊戲《鄉村農場》（*Farm Ville*）的滑稽版；此際，他還是科星公司（Techstars）倫敦分部的常務董事，這是一套全球性的網絡，專門幫助創業家邁向成功。他樂於和擁有大計畫、高遠企圖心，尚處於初期階段的公司合作，期望能助他們發展出有意思的成果。憑著自身的經驗，他大力支持投資新興市場的公司，把企業帶進新興市場。

他說，以投資人的角度來看，投資新興市場的企業通常很容易，且向來更便宜。他以自己投資的紐約公司為例：要讓這些公司能運作十八個月，最低需要一百萬美元，常見的金額則接近三百萬美元。然而，最近他在印度班加羅爾（Bangalore, India）會見一支聰明絕頂、從事人工智慧的團隊，要維持相同的運作期間，僅需要十五萬美元。從投資價值的觀點來看，你在這些市場通常能以更低廉的價格從事交易。

他也指出時代已經不同了。今天，無論他投資的公司位於美國或印度，品質都差不多，但十年前可不是這樣。他將這點歸功於教育更普及，幾乎世界上的每一個人都可以上哈佛大學電腦科技入門課（Harvard CS 101），也可以在 iTunes 大學（iTunes University）、海盜船（Corsair）線上學習平台、或你對我（U-2-Me）線上知識資訊社群與分享平台旁聽學習。愈加普及的教育，提高了全球的企業品質。

卡瑞提出的第二項重點是新興市場的規模。他推動的一家媒體公司是在編印中東各大城的阿拉伯文旅遊指南；阿拉伯文是全世界第五大的口說語言[3]，但是，網路上的阿拉伯文內容卻不到〇・五％。其中的差異代表著重大的機會。中東與北非有千百萬說阿拉伯語的人口，卻沒有足夠的母語內容可供他們觀看。

而且，這麼大的機會並不僅限於前述地區。印尼有二・五億人口，印度有十三億，日本有一・二七億人口，泰國和馬來西亞有幾千萬人，越南則將近一億。龐大的新興市場很多。如果有一家企業能擷取美國和歐洲的最佳商業實務操作，並結合在地知識，便打開了通往成功的大門。

之前提過，在美國與英國爭取追蹤者的每單位取得成本很昂貴，但在沙烏地阿拉伯、印度、烏克蘭、俄羅斯或拉丁美洲，每單位取得成本通常低於一美分。其他關鍵績效指標（例如每單位推薦成本、每次分享成本、每單位點選連結成本，以及每單位對話成本）的道理亦同。很多人會指出，你從其他地方的用戶身上賺到的營收，不如富裕國家用戶的貢獻。卡瑞同意這種說法，雖然這論點沒錯，但你必須考慮投資報酬率。如果你只花一點小錢就能爭取到用戶，賺到的營收比較少，那論點相對地就可能沒那麼重要：只要你確定這比例對你有利即可。

卡瑞以一家他合作過的企業瓦拉（Wala）為例；這是一家新銀行，計畫在迦納（Ghana）開業。瓦拉銀行在臉書基本上已擁有一個龐大的社群，經營上幾乎沒花錢，只有幾千美元的廣告費用，而且，由於爭取追蹤者的每單位成本甚低，銀行很快就觸及五十萬人。瓦拉銀行的團隊成員去和投資人與合夥人洽談時，便可以展現其在臉書所擁有的龐大社群。他們之前一直貼出和財務以及普惠金融（financial inclusion）相關的內容，這些都是這個社群感興趣的領域。瓦拉銀行只需要把一小部分的追蹤者轉換成實際

3. Vivek Kumar Singh, "Most Spoken Languages in the World," ListsWorld, November 10, 2012, http://www.listsworld.com/top-10-languages-most-spoken-worldwide.

的銀行帳戶，一夕間就能成為迦納的前十大銀行之一。

從這類實例可以明白，你要在美國做到在新興市場能夠做的事，需要花掉幾百萬美元。當你從這個角度思考，新興市場會在轉瞬間變得更具發展潛力。

投資海外市場讓你脫穎而出

卡瑞說，如果你親自前往印度、泰國或越南推銷美國、英國、加拿大或德國公司，會讓你顯得與眾不同，通常可以和資深人員進行優質的會談，而且更有機會成交。某次，卡瑞投資一家名為「偏執迷」（Paranoid Fan）的企業，這是一家運動與娛樂地圖指引公司，可以告訴你哪裡的洗手間排隊人數最少、哪裡有車尾派對*，以及其他和運動、娛樂活動相關的有趣事物。偏執迷公司與美國國家足球聯盟（NFL）、美國職業籃球協會（NBA）以及美國幾個大聯盟足球隊合作。後來，墨西哥和巴西也有人對它表示有興趣，公司因而前進中南美洲，在墨西哥、巴西、烏拉圭、阿根廷和智利進行小型的巡迴推廣展示，向各個不同的球隊宣傳他們的商業對商業（B2B）以及地圖指引解決方案。行程結束時，他們滿載而歸，和墨西哥、巴西、烏拉圭、阿根廷以及智利各大球隊締結交易，外加一些和各政府機構談妥的結盟。他們沒花一分一毫的行銷費，就掌握了約三千萬名用戶。當偏執迷公司上路進行巡迴宣傳，與各大公司的高階主管會面時，單憑他們是親自來到這些市場，就獲得對方當面讚賞。這些位於美國以外的人們說，美國企業之前也來推銷過，但是只發送電子郵件，要求透過 Skype 對談。親自過來並和對方見面，讓偏執迷公司有機會快速談妥交易。

之後，偏執迷公司也跨入西班牙馬德里（Madrid, Spain）的世界足球高峰會（World Football Summit），並和歐洲多數大型足球隊簽署交易。如果他們前往歐洲時僅有兩百萬用戶，成果就不會如此甜美。偏執迷公司擁有三千萬用戶這一點，給了公司信譽，至於這些用戶人在哪裡並不重要。

＊ 譯注：車尾派對（tailgate party）是美式足球文化的一部分，球迷把車開到比賽場地，開賽前，將車尾門掀起後、拿出飲料食物先開派對。

留住與關注

如果你瞄準的對象是印尼、印度或巴西的人們，參與率通常會比你在美國或英國看到的高十倍，而且，你要面對的競爭也比較少，因為該國國內企業提供的內容來源以及廣告主都比較少。卡瑞補充道，在巴西、沙烏地阿拉伯和中東市場，一般人每天花在手機上的時間通常比西方市場的人們多四倍。美國或英國的人們一天可能在臉書上花四十分鐘，巴西或沙烏地阿拉伯的人一般則會花上好幾個小時。在這些市場裡，人們想要嘗鮮，對新內容感興趣，以及樂於按讚與分享的傾向，都遠遠超過西方市場。進入的障礙低，就更容易帶動內容在新興市場瘋傳。

受歡迎有利於接觸到更大的市場

卡瑞在和 Skype 創辦人對談時發現，他們最早推出產品的其中一個國際市場是臺灣。臺灣雖是個小島，這裡的市場只有兩千萬人，但這兩千萬人和中國十幾億人的市場有著強力連結。臺灣人開始利用這種新形式的免費語音與視訊電話和家人聯繫，使得Skype馬上如火如荼傳開。

如果你可以在新興市場培養出群眾，就可以輕鬆開始在其他市場培養群眾。這和WhatsApp的範例也很類似，他們在比較便宜的市場爭取用戶，利用他們累積出可靠的聲譽，之後再利用這個受歡迎的身分去觸及更大型的市場。

舉例來說，如果你想要找可口可樂，或是要在美國或英國找一家客戶當贊助商，單刀直入通常不可能。但是，如果你在印尼、印度或巴西培養出大量群眾，就比較容易和位於這些國家的可口可樂分公司達成交易，進一步替你引見美國或英國的高階主管。而且，如果你在海外市場做得很好，就可以證明你的品牌或公司會成功。如果你有策略觀點，並懂得把在特定市場培養群眾的潛力發揮到極致再加以運用，將會對你的企業大有助益。

許多新創公司相信，成功的定義就是向矽谷的創投業者募到五千萬美元，或是在舊金山的辦公室裡有一群工程師正逐步征服美國市場。現實中，你在新興市場可以用更少的成本得到同樣的好表現，而且長期下來會開始讓兩種管道得出相同成果。

卡瑞說，如果你想解決問題，請先想一想可能得到的最好結果是什麼，然後朝著這個目標努力。請問問自己，你需要採取哪些步驟才能完成你的理想。有哪些可行的行動能帶領你達成目標？開始針對每一項進行規劃，最終，你自然會找到一套簡單且直接的方法。利用在新興市場爭取用戶、客戶與顧客，可以是讓你達成目標的極強力工具。

個人品牌

卡瑞認為，個人品牌在這方面甚至更有機會。舉例來說，會到新興市場演出的現場音樂活動與歌手少之又少。如果你是歌手，只要你願意去，能在五百人或一千人面前表演的機會可多了。同樣的，這些海外市場樂於分享與留言的傾向也會帶來極大好處。還有，如果泰國、越南、馬來西亞或新加坡的人，在音樂串流平台 Spotify 上聽到你的音樂，你就大有機會登上平台裡涵蓋全球的「每週新發現」（Discover Weekly）榜單。你可以在這些管道上累積你的聲譽以及內在指標。（其他領域同樣適用此原則，請善用智慧，加以落實。）

卡瑞提到，他曾貼出一張在伊斯坦堡（Istanbul）大型研討會上和一群伊朗夥伴的自拍照，這篇貼文於二十四小時內在推特上被推了幾百次，並得到好幾千個讚。他收到很多臉書交友邀請、領英（LinkedIn）訊息，以及請他去伊朗參加大型研討會與演講的邀約。更多時間、更多關注再加上更多分享，三者合而為一，你就更容易突破重圍。你可以走進尚無人開發的新領域，在這裡獲得回饋並建立社群，之後帶著熱情參與的廣大支持受眾回到故鄉。你會因此更容易獲得出書合約、唱片合約或電影角色。不管你做什麼，都會覺得自己宛如搖滾巨星。

今天，很多演員在爭取角色時之所以被打了回票，是因為他們在社群媒體上的追蹤者不夠多。卡瑞的建議是，去印尼或其他新興市場拍二、三部電影，並積極經營社交媒體，和當地粉絲互動，培養出海外群眾再返國。當你和好萊塢或倫敦的選角經紀人商談時，讓對方知道你擁有百萬追蹤者。多數時候，一般人其實不知道也不會問追蹤者來自何處，光是你擁有粉絲這一點，就能讓你從芸芸眾生當中脫穎而出。當你能接觸到少有人能觸及的群眾，你的價值也會跟著水漲船高。

好萊塢電影製作人、媒體公司高階主管兼投資人喬．賈希尼補充，製作人大規模投資時，會考量全球吸引力；目標愈狹隘，報酬愈低。

很多製作人都擔心只說一種通用語言會打擊其他語言，也擔心為大眾創作的作品反而掠奪了人們的文化認同，然而實際上並非如此。賈希尼說：「目標是要凸顯不同的珍貴面向，讓當地市場或地區了解這是為他們而拍的故事。」如果你已做好創作者的工作，那麼，放諸四海皆通的主題、角色、相關性與情感，都將穿越國境藩籬。

好內容傳千里

七一工作室（Studio71）是世上最大型的網路紅人導向數位娛樂公司之一，其前任營運長菲爾．朗塔（Phil Ranta）透露，YouTube正在某些以往不流行這套平台的地區大舉發展。數位平台確實是全球性的，人們開始接收更多來自不同文化的內容。不管一個人身在何處都可以存取內容，這代表在創作時心懷全球群眾，將能導引你邁向成功。

朗塔建議試著去創作不拘於特定語言的內容，嘗試讓笑話和主題易於理解，即便在不懂該語言的情況下也能懂。另一個選項是納入翻譯，YouTube 有內建工具，可以幫忙製作隱藏字幕；如果你是以英語創作，在把英語翻譯成其他語言這方面 YouTube 做得很不錯。

朗塔覺得，現今缺乏全球思維的人，在未來五到十年將會陷入苦苦掙扎中。許多地方的網路基礎建設剛要起飛，在這些地方，人們現在會用手機串流播放以前無法存取的內容。這些市場將會開始成長，發展成遍地粉絲的新天地。

裘金媒體執行長強納森．史科葛摩也認同。他的公司在世界各地擁有廣大的粉絲群，公司每個月有三十億次的點閱人次，其中七五％都來自美國以外。他說：「好內容傳千里。不管說什麼語言，大家都懂『哇！』這種心情。」裘金媒體授權並經銷許多瘋傳的跌倒搞笑影片；不管在何處，一個人跌倒就是跌倒了。他的團隊以全球為格局來檢視內容，因為他們洞悉了將焦點放在其他人根本不在乎的世界角落，能創造出真正的規模與價值。

要點提示與複習

- 在印度、印尼、巴西或墨西哥等地爭取追蹤者，成本遠低於美國，因為這些國家沒有這麼多競爭對手。
- 在新興市場爭取追蹤者的單位成本可以低於一美分，相較之下，美國則要八到九美分。
- 在新興市場，競爭通常較少，使用者花在行動裝置上的時間較多。
- 印度是一個重要的國家，很多明智之士都在此地投資，因此你要關注這個國家。
- 巴西人比其他國家的人更愛分享。請利用這些群眾來測試你的內容，以發動病毒式傳播。
- 先在新興市場發展內容是一項聰明的策略，因為更具成本效益。培養出熱烈的參與度之後，再和本國市場的核心目標受眾分享你的貼文。這樣一來，你便可以用較低的成本換得更高的參與。

- 如果你是一家新創公司，先在新興市場培養出大批群眾，之後將極具吸引力，成為尋求擴大群眾基礎的英美企業之收購標的。如果你是個人品牌或是想和全球品牌結盟的新創公司，也適用此法則。
- 如果你親自前去拜訪，其他市場的人們會欣賞這樣的舉動。這可以幫助你發展。
- 好內容傳千里，創作不受限於特定語言的內容。創作時請心懷全球。

第八章

在 Instagram 上累積影響力

Instagram 的每月活躍用戶超過七億人，是一個不容小覷的平台[1]。這是一項重要的行銷與說故事工具，讓用戶可以快速、可親、充滿情感與高度視覺性的方式去體驗你的品牌和訊息。在所有主要社群媒體管道中，Instagram 之所以擁有最高的品牌平均互動率，其中之一的理由就在此。[2]

然而，這並不是一個最能讓你快速達成目標的平台。Instagram 與臉書最大的差異之一是，前者在本質上並非建構為一個分享式平台，因此，你需要找到其他方法帶動內容瘋傳。臉書設計成讓你可以分享，Instagram 則著重讓你可以按讚、留言和標注。若要在這個平台上成功，大致上取決於你是否有能力應用策略性結盟以追求成長。從第六章「策略聯盟」中得到的資訊，很多都可以拿來運用，幫助你在這個平台上取得成功。

在 Instagram 上要能真正成長、瘋傳與成功，你的目標是要讓重要人物對你的內容按讚或留言。Instagram 平台上的地位由兩個指標決定：⑴ 追蹤者的人數；⑵ 帳號的壽命。在平台上比較久的人，影響力比較大，之所以會出現這樣的演算法，是要防範有人欺騙系統。偶有使用者會快速建立新的分身帳號，以拉抬自己在 Instagram 上的其他帳號。（這種方法已經沒用了，所以，請不要多想。）

在 Instagram 上快速成長

探索頁面是 Instagram 的通用搜尋頁面，登上這個頁面，是讓內容瘋傳、讓別人能找到你的最佳方法。要在眾多帳號中榮登這個頁面，你需要很多「強力的讚」：讓擁有幾十萬、甚至上百萬追蹤者的高知名度帳號來替你按讚與留言。這個平台會根據每一個用戶的興趣提供量身打造的探索頁面，但是，只要有一位超級網路紅人喜歡你的內容，就能讓更多人看見。

阿德利．史坦伯（Adley Stump）是一位數位行銷策略專家，他說，這是因為按讚的次數會呈指數型成長。如果在你所屬的小眾利基領域裡，有某個通過的驗證帳號擁有十

1. "Number of Daily Active Instagram Users from October 2016 to September 2017 (in Millions)," Statista, https://www.statista.com/statistics/657823/number-of-daily-active-instagram-users.
2. Khalid Saleh, "Social Networking Statistics and Trends," Invesp (blog), https://www.invespcro.com/blog/social-networking.

萬追蹤者，而此帳號主人又對你的內容按讚，Instagram 的演算法就會把你的貼文發送給這十萬追蹤者中的多數人，進入他們的探索頁面饋送管道。而且，這只是一個強力的讚而已；試想一下，如果你可以獲得幾百個、幾千個強力的讚呢？還有，雖說強力的讚不一定來自特定小眾利基領域，但這類的讚更能帶動轉換、提高成長，因為你會出現在已經對這類內容表示感興趣的用戶饋送管道當中。

要得到強力的讚、出現在很多探索頁面上的方法之一是，善用參與團體（請參見第六章）。把參與團體納入你的 Instagram 策略中，確實有助於你的內容瘋傳。喬伊萬・偉德建議至少要有五個人，理想狀態是他們的追蹤者要比你多，或是大約和你相當，你可以和他們固定交流讚和留言。

我自己找到一個大大成功的方法，就是去找一些大型頁面、或是由多個大型頁面組成的網絡，讓他們容許你在他們的帳號上做廣告。最好的管道，就是在你的小眾利基領域裡找頁面，用 Instagram 訊息直接詢問他們收取的廣告費用。多數人都會回覆，告知你要在他們的頁面或網絡中對你的頁面「致敬」（shout out）或留言支持的成本是多少。我一定會回覆，並且請他們提供保證追蹤者人數的配套方案（例如，我花費一定的廣告成本，對方保證回報我一定數量的追蹤者）。多數用戶會回覆說他們不提供這類配套，因此，你必須找到極具信心、願意提供這類支援的用戶，否則的話，尋常的致敬最多只能替你爭取到幾百位追蹤者而已。去找有創意且真正善於帶動流量、能引入追蹤者的帳號或網絡。

此外，你必須測試很多不同的網絡，以排除那些賣給你虛構或是機器人追蹤者的人。要檢驗這些網絡，唯一的方法就是在不同的日子分別進行測試（亦即，一天測試某個網絡，另一天測試另一個）。我建議在每個網絡上先花幾百美元就好，看看哪一個能提供優質的（真實）高參與度追蹤者，然後才擴大規模。先找到能帶來成果的網絡，之後再將其放大。

網絡決定一切

朱爾斯．狄恩使用「轉發貼文」（reposting）的戰術帶動自己的頁面成長。他請一些在相同小眾利基（迷因〔meme〕）中的專頁，用他們的帳號貼出他的內容，同時把來源歸回到他身上。每次這些帳號貼出他的任何影片，他就會得到二萬、三萬或四萬名新的追蹤者。利用這項策略，他在一個星期內就得到十萬名追蹤者。他說，在這個平台上要成功，關鍵是好內容與好的傳播管道。你的網絡決定一切。

記住！狄恩的快速壯大有點非比尋常。在Instagram上通常沒有辦法像在臉書上那樣快速成長。通常，人們在一個月內可以得到兩萬五千到五萬名的追蹤者，而且這是最好的狀況。相較於在臉書上三十天就能獲得百萬追蹤者，這遠遠不及。要實現成長，你要有耐心，而且要長期持續。當然，如果金．卡戴珊對你的內容按讚或留言，會比較快且大幅度成長，但是你的內容要做到真的很好、而且要讓她看見，這件事本身就是一大挑戰。

若你想提升能力，在這個平台上累積出影響力，請記得持續性是關鍵。喬伊萬．偉德說，Instagram的演算法會把你列入以下三類的其中之一：⑴每天至少貼文兩次，持續對群眾的留言按讚與互動，同時與他人的貼文互動並留言（這種方式可以創造出頂級帳號，最有可能登上探索頁面，並帶動其他頁面也登上探索頁面）；⑵每隔一天貼文、一星期貼好幾次，但只有在某些時候對用戶的留言按讚或互動；或者(3)天有異象時才貼文，從來不曾真正回應他人的留言、不會參與創作者的活動。現在的你是哪一種？展現第一種行為將會成為 Instagram 上的超級明星。

選擇網路紅人

網路紅人與重要帳號可以發揮重大效用，在 Instagram 上帶動成長，因此，你需要有策略，慎選合作對象。不見得每一位網路紅人都能為你的品牌或訊息加分，他們很受歡迎、有很多追蹤者，不代表就能提高你的能見度。

你要對網路紅人進行測試，就像測試內容一樣。FabFitFun 的大衛・吳說，他的團隊已測試超過五千位網路紅人，之後才找到能為品牌發揮最大效益的人。他敦促你要勤勉，不能只試一個人就期待有成果。很多時候，他的團隊一開始假定最適合的網路紅人，有時不見得是能創造出最大成效的人。

歷經多次試驗與犯錯後，大衛．吳替 FabFitFun 找到的其中一位最佳網路紅人是演員桃莉．史貝林（Tori Spelling）。她善於創作能打動人的內容。看過她的影片展現的成效後，FabFitFun 加以吸收，分析出有效因素，並編製輔導課程教授如何創作出類似的影片。他們把輔導教材發送給其他網路紅人，現在，所有人都以類似的風格從事創作。大衛．吳發現，支持自家網路紅人品牌的同時，也幫助了公司的布局。

他說，一開始和網路紅人建立關係是很有趣的過程，他的團隊試遍所有瘋狂的策略。有一次，一位團隊成員把結盟要求發送給一位牙醫，這位牙醫病患的兄弟正是他們鎖定的網路紅人。信不信由你，他們還真的成功了，FabFitFun 至今仍持續與對方合作。要想盡辦法去接觸這些人（但方式不要太怪異）。

大衛．吳的團隊一開始沒有太多經費，因此他們鎖定的是影響力比較小的網路紅人，而且，最初是用 FabFitFun 的產品交換貼文。等到他們開始和網路紅人圈裡更知名的人物開始合作時，他們發現自己也已經成為圈內人：其他重要的網路紅人也開始聽說他們了。如果你的產品或品牌引起了話題，通常就會有網路紅人來找你。舉例來說，如果《與星共舞》（*Dancing with the Stars*）、《千金求鑽石》（*The Bachelorett*）或《比佛利嬌妻》（*The Real Housewives of Beverly Hills*）等節目裡，有些人對你的品牌、產品或想法感興趣，其他實境節目秀裡的明星也會開始注意到你。又如果你有些價值性可提供，這些名人也會想要得到。

如果你沒有產品，想一想你能為網路紅人提供什麼。有時候，這些人之所以和你合作，是因為你的內容極具吸引力。有時候，則是因為你可以為他們提供些什麼，比方說為他們拍照，或是在很酷的協作內容中以他們為主題。想一想對方可能需要什麼，以及你的技能可如何提升他們的技能。

影響網路紅人

數位行銷與策略真戈公司（Jengo）的創辦人兼董事肯恩・鄭（Ken Cheng）建議，想辦法讓名人注意到你的品牌。他不著重在 Instagram 培養出眾多追蹤者，反之，他的團隊聚焦在已經有眾多追蹤者的人身上，由這些人替他們的客戶傳播訊息。他解釋，重點不在於直接去找最有影響力的網紅或名流，如果你去影響那些可以影響你的目標受眾的網紅，就更有機會成功。（聽起來有點拗口，不過請容我慢慢解釋……）經由網絡效應（network effect），影響力較小的網紅也可以影響到比較大咖的網紅：他們的內容會向上流動，能讓影響力更大的人看見。要做到這一點，首先，你需要追蹤你試著鎖定的超級網紅之帳號。之後，請澈底檢視，找到他們追蹤的較小咖或較容易接觸的網路紅人。觀察網路大紅人的喜好，看看他們喜歡知名度較低的人貼出的哪些內容。一旦你知道比較小咖的網紅貼文是否與你的品牌主題相關，也知道比較大咖的網紅會關注哪些貼文，就可以去接觸較小咖的這方來針對你的品牌或訊息貼文。

阿德利．史坦伯說，你可以澈底研究網路紅人的貼文，看看有哪些人留言，藉此找出誰在他們的參與群體圈內，並找出你所屬小眾利基領域的大咖網路紅人。先接觸較小咖的網路紅人會是成效較佳的策略，比直接去找大咖網紅好。最後，你可能還是會去接觸後者，但是從小處著手，再一步步走向比較有影響力的影響者，是很聰明的作法。

瞄準比較少人注意的較小型帳戶，多次替肯恩．鄭發揮了功效。有一次他和紐約一家越南餐廳合作，這家客戶希望得到重要名人關注。一開始，餐廳試著聯繫經紀人和公關人員，但是一無所獲，到最後只是白白浪費好幾個月的錢。有了這番經驗之後，餐廳開始瞄準不同對象，成功聯繫上擁有約一萬名追蹤者的網路紅人，接著去找約有兩萬名追蹤者的人，逐步漸進，直到開始和擁有超過十萬名追蹤者的網路紅人進行合作。就在此時，名人開始自行來到這家餐廳，連莎拉．潔西卡．派克（Sarah Jessica Parker）也現身，在沒有任何勸誘也沒收費的情況下，替這家餐廳發推文。

透過影響重要名人身邊的人，長期下來，就會出現這種自發性的過程。莎拉．潔西卡．派克會來，是因為在 Instagram 看到追蹤自己、知名度較低的網紅以及好友們的發文，提到紐約一家很棒的餐廳，促使她決定要親自過來試試看這裡的美食。

利用標注與隱私設定贏得追蹤者

安東尼．阿隆（Anthony Arron）是一名喜劇演員，他在 Instagram 建立了一個帳號 imjustbait，一個星期有百萬次的瀏覽，一個月有五千萬次；他也認同，如果想讓內容瘋狂傳開，你需要善用網路紅人圈。如果你進入適當的網絡，裡面有很多會替你發送貼文的重要頁面，就能得到更多關注。以他認識的擁有高影響力帳號的人來說，多數都是這麼操作，以爭取點閱次數，並帶動內容瘋傳。

此外，阿隆也發現，運用帳號的隱私設定是獲得更多追蹤者的最佳方法。他一天會在頁面上貼出十到十五部影片，一整天都在傳播貼文，以便觸及不同時區的人們。他會把頁面設成公開帳號貼出影片，好讓很多新的人可以看到。可是他發現，就算人們看到影片也按了讚，卻不一定會追蹤他。為了解決這個問題，他會在貼出影片之後隨機將帳號設定為不公開帳號，以鼓勵人們追蹤他，才能存取上鎖的內容。

有時候，他的某部影片會多達八萬人點閱，這些人還會標注朋友一起看。當被標注的朋友過來看影片、發現這是一個不公開帳號時，通常就會追蹤他，因為他們想要看看朋友標注他們來看的影片。關鍵是，如果內容夠好，人們就會追蹤他，以便取得觀賞的機會。這促使他繼續創作好內容，人們之後才不會取消追蹤。這套策略一天能為阿隆帶來約兩千到五千名追蹤者。

他也在所有影片中嵌入浮水印，印著「追蹤 @imjustbait」。這樣一來，無論別人是轉發、儲存或單純觀看影片，就更有可能知道他的帳號並追蹤他。

分享力公司的艾瑞克．布朗斯坦同意，能讓人們在貼文中標注朋友是很出色的策略。Instagram 並不像臉書是可供分享的平台，因此，他的團隊發現，標注是帶動人們傳播內容的最好方法，人們就是這樣將他們認為和對方品味相關的內容傳給對方。

好內容持續帶動成長

在 Instagram 上擁有超過五千三百萬追蹤者的線上搞笑平台 9GAG，其共同創辦人陳展程對於如何在這個平台上創造出大規模成長也很有心得。他建議，如果你有其他平台的話，請善加利用，把人們帶進 Instagram。他說，之後，請拿你的帳號，和你所在的小眾利基市場中效果最好的帳號作比較，從他們身上學些概念。陳展程也說，他的團隊會持續測試不同的主題標籤和貼文形式。

舉例來說，人們最近會用一種影片格式以凸顯與眾不同，這股趨勢就是在影片上方放上大型標題，以抓住觀眾本來就很難持久的注意力；這個概念源自在上方加上黑框，並在下方放照片的勵志性貼文。但趨勢會改變，你不能太過仰賴。你一定要監看你的分析，傾聽你的用戶。

陳展程建議，與其搜尋成長駭客祕方，你更該做的是聚焦在創作優秀內容與建立出色的社群。他拿股市作比較，很多人想要快速致富，正如同很多人想要在網路上快速累積追蹤者，這對長期作法來說並非好策略。隨著時間推移，打造出紮實的平台，則像挑一檔好股票，然後好好持有一陣子。

常見的狀況是，人們會尋找速成法來壯大自己的帳號，就像去挑一檔會快速飆漲的股票。但出色的投資人不會看短期，他們會設法找到長期不斷上漲的股票；陳展程的團隊正是這麼做。他們仍然在學習技巧，並理解最新的趨勢與格式，而且，除非你長期進行測試，否則絕對無法知道某種趨勢是否能帶來長期效益。

想在 Instagram 成長，你要持續與時俱進。核心原則是要思考你的用戶想看什麼，創作用戶喜歡的好內容，正是公開的祕方。

陳展程的團隊在創作內容時會運用兩種不同的人格。一方面，他們運用同理心，去找出為何觀眾會認為某些內容看來很棒。另一方面，他們要從內容中抽離，拉出距離與空間，讓他們能更動無法達成效果的內容。陳展程注意到很多人都太貼近內容，因而做不到測試與學習，看不到觀眾想要什麼，以及人們如何回應。身為藝術家和商業藝術家完全是兩碼事，他認為，安迪．沃荷（Andy Warhol）是兩者兼具的典範。如果你希望在商業上成功，可能得願意接受稍稍改變你的創作，並隨時謹記你的用戶。

喬伊萬．偉德補充道，不要去猜用戶喜歡什麼。如果你有企業帳號檔案，你可以利用洞察頁面看看去年最多人看的貼文是什麼，這可幫助你了解用戶最積極互動的內容是哪些，你也可以多創作一些具備這類特質的內容。

☑ 不要另有盤算

陳展程認為，有些人之所以覺得 Instagram、乃至於一般的社交媒體難以掌握，原因之一是他們在接觸平台時另有盤算。Instagram 上的頂尖帳號有一個共同核心主軸，就是他們的內容真的會讓人想要參與。除了用戶的尋常之舉如瀏覽 Instagram 外，他們不會要你去做其他任何事。

舉例來說，國家地理頻道（National Geographic）是其中一個頂尖帳號。它很成功，顯然是因為視覺性，也因為它的內容即其終極目的。它不會要求任何人走出門買什麼或看什麼。人們來到這個網頁，純粹是觀看美麗的照片和欣賞很棒的影片。觀眾可能因此會想買雜誌或去看表演，但國家地理頻道不會在平台上力推。

人們想要追蹤頁面是因為內容出色，不是為了要滿足你身為創作人的渴望才這麼做。你必須去做對追蹤者而言最好的事，而非考量你的盤算。創作最優質的內容，並為你試著接觸的人營造最好的體驗。如此，你就能培養出更強韌的關係，打造出更穩健的社群。

陳展程認為，從核心面來說，人們想要獲得驚喜，希望看完內容後能覺得更快樂。你要了解說故事的基本要素，成為一位好的說書人，找出說動聽故事背後的真實心態原則。之後，確認你在創作內容時運用了這些策略，且確定人們了解你要對他們說的話，並測試看看哪種形式對你的內容而言成效最好。

即時消費

雖然你在第五章學到的內容規則可適用於所有平台，但如果要在 Instagram 使用哪種格式呈現在你的內容裡，則會有些許不同的考量。

首先，布朗斯坦說，有個方法可以用於思考 Instagram，就是去想如何把你創作的內容剪輯成五十九秒的版本。偉德也認同，他建議利用 Instagram 將人們帶到其他平台去看內容比較長的版本。

陳展程也提到，人們花在 Instagram 上每一項內容的時間都極其短暫，會去瀏覽 Instagram 的人，多數都尋求即時消費。他們不想如同在其他平台上花那麼多時間，只想瞄一眼，看到漂亮或有趣的東西就按個讚，然後轉向下一張照片或下一部影片。這樣一來，代表你在 Instagram 上的內容必須更多采多姿；你需要與眾不同才能捉住人們的注意力。

觀察其他帳號

陳展程也說，創作 Instagram 上的內容有一個很好的起步方法，就是找到目標類似且非常成功的帳號或品牌，之後，去找類似的格式和架構，但不一定要如法炮製。就算你有些許變化，也要試著展現創意，陳展程強調，這是因為「複製其他人的內容，就好像創作出欠缺靈魂的稻草人。」他建議，你可以把標題改放至照片的其他位置；故意製作有錯誤的標題，讓別人來修正與留言；以及，重新組合你在其他平台看到的舊格式。檢測你能否創造出新的重組形式，或改編舊格式。

善用幕後花絮

世界衝浪聯盟的提姆．格林伯格說，Instagram 對於業務大有好處。世界衝浪聯盟樂於貼出年輕衝浪手的鏡頭，因為這個平台上的群眾都比較年輕。聯盟也比較常透過

Instagram 即時分享歡樂時刻，而非放上臉書。有時候兩個平台上的內容是一樣的，但 Instagram 上的影片會多多報導運動員放鬆時的幕後花絮。

比方說，頁面上有一部巴西職業選手加布里埃爾．梅迪納踢足球的影片，引發了大量的互動，點閱人次超過三十萬。世界衝浪聯盟特別選擇不把這部影片放上臉書或其他平台，是因為這種影片比較像 Instagram 上的素材：比較**身在當下**，而且能勾起內心情緒。

梅迪納是 Instagram 上最多人追蹤的衝浪手之一，而且他在說故事這件事上表現得很好。格林伯格也以夏威夷職業衝浪手可可．何為例，認為她在打造自己的線上品牌這方面做得十分出色，她也因此獲得了許多贊助資金。這兩人都是在 Instagram 上不斷創作優秀內容、脫穎而出的創作人。

格林伯格對旗下所有運動員說，他們會覺得替衝浪板上蠟既無聊又瑣碎，但對某個在美國中部堪薩斯州的人來說卻很有趣，因為這件事描繪的是一種其他人未曾體驗過的生活方式與夢想。或者，假設有位衝浪手在斐濟（Fiji）的塔法盧阿島（Tavarua）和好友一起打乒乓球，對他們來說很平常，但對追蹤者來說可能非常有趣。他旗下的運動員花了很長時間才明白這一點，而現在，他們已很清楚如何評估大眾會分享哪些內容了。

世界衝浪聯盟製作的很多內容都是使用者創作的。雖然聯盟本身會創作內容與舉辦活動，但也仰賴全球的影片和照片拍攝者網絡提供素材。由於有這樣的投稿人網絡，讓聯盟得以帶動熱烈互動。有一件事很重要，必須謹記：你不必凡事自己創作，你可以仰賴社群中的人幫忙。

如何利用 Instagram 經營在地市場

真戈公司的肯恩．鄭說，Instagram 是經營在地企業的好工具。其中一個理由是，人們使用 Instagram 是源於離線生活中的經驗，與其他仰賴較空泛內容的平台（出了數位世界就和個人的生活無關）不一樣。Instagram 上的用戶會想去特殊地點場合，找機會拍攝好照片以便放在平台上分享，也因此，發表產品可以成為一項值得記錄的經驗，這會把人們帶進餐廳或服飾店，讓他們有機會分享自己和在地企業交流的故事。

肯恩．鄭的團隊一旦釐清平台運作的道理後，挑戰就變成要如何替客戶的帳號帶來流量。一開始，他們預算有限，這代表很難在短期內衝高流量，所以，他們決定善用其他網路紅人擁有的人潮。下一步挑戰，就是找到應該鎖定的網紅。他們宣傳的是餐廳，雖然可以用一般的主題標籤搜尋出餐廳美食領域裡有哪些人，卻很難在特定類別裡找到網路紅人。但是，現在你可以使用某些網站幫助你完成搜尋過程，如 FameBit、Social Native 和 Grapevine。

舉例來說，假設你想尋找以紐約的特色亞洲麵食為主題的網路紅人，卻很難知道某位網紅是否為在地人。你當然可以檢視對方的照片或尋找他們的地區標籤，但如果你一開始手上並無網紅的名單，Instagram 便無法在你搜尋目標對象時提供太多支援。

要確認網路紅人擁有的是否為在地的追蹤者，你可以手動逐一檢視他們的追蹤者，或運用一些可為你提供協助的程式進行搜尋。要替在地品牌選擇適當的網紅，務必確認此人就住在這個區域，而且貼文談的是你選定的主題；對方的固定貼文中，要有四到六成專門鎖定你設定的地區群眾，且也被這些群眾所接受，瘋傳貼文中，符合此條件的比例得達到一成五至三成五。如果這位網紅住在你設定的區域、但是其多數追蹤者卻不然，那就無助於你的目標。

接下來的步驟就看你要花多少錢，但肯恩・鄭表示，他通常不會付錢給網紅。他的企業設法以成本效益最高的方式爭取網紅，用免費的美食交換網紅到餐廳一訪。還有，他們也從不直接要求網紅貼出相關照片。他們向來的說法都是：「我們看到你的照片，拍得很棒！」談談他們的照片，然後邀請他們到餐廳用餐，或者來參加你的在地企業所舉辦的活動。為他們提供價值，而不是只想向他們推銷。

他的團隊也發現，如果對方是擁有十萬追蹤者以上的網紅，倘若沒有經濟報償，他們通常都會被忽略。如果不想付錢，擁有一萬到二萬名追蹤者的人比較可能表示有興趣。還有，對方的影響力愈大，全球性的流量占比也就愈高；擁有一萬名追蹤者、影響力較小的網紅，或許更適合你的在地企業。此外，追蹤者較少的人事實上也比較需要內容，而且會更珍惜這樣的合作機會。當團隊和影響力較小的網紅建立起關係後，他們開始去接觸擁有四到五萬名追蹤者的人，然後是六到七萬名，依此循序漸進。

不要忘了從網紅的角度思考，為他們提供價值。提出他們本來就需要、想要，或正在使用的東西。在這方面要有成效，請參考我們在第六章所談的建立關係的策略。

要點提示與複習

- 在 Instagram 上的成長速度會比臉書慢，要有耐心，長期堅持。一個月得到兩萬五千到三萬名的追蹤者已經算很多了。
- 你的網絡就是一切。找到願意販售「強力的讚」的參與團體和個人，臉書上有很多群體都願意提供「以致敬換致敬」以及參與團體的機會。
- 善用探索頁面以被發掘。
- 找到引人注目的帳號（指追蹤者人數眾多且在平台上經營良久之人）幫你按讚、留言或提到你，並賦予你的貼文新目的。
- 鼓勵人們在你的貼文中標注你，你甚至可以回頭追蹤他們作為誘因。
- 想要以自然而然的方式鼓勵人們互動，標題最重要。
- 如果你是一個品牌，在這個平台上，請善用視覺畫面與幕後花絮。
- 先瞄準影響力較小的網路紅人，然後循序漸進。

- 目前人們花在 Instagram 上每項內容的時間都極短暫。當前 Instagram 推出 IGTV（IG 電視），試著改變這種行為模式。
- 把內容當成終極目標。
- 善用平台，幫助你引來能影響目標網紅的網路紅人。
- Instagram 推動的是離線經驗，因此對在地企業大有助益。

第九章

帶動在YouTube上成長的因子

要說在哪個平台上最難快速成長、最難讓內容瘋傳，YouTube 就是其中之一。和 Instagram 相似，它一開始就不是設計成可分享的平台。當你登上 YouTube，你的目標會和執行搜尋引擎最佳化（search engine optimization，簡稱 SEO）類似，重點是，必須在 YouTube 的演算法下排到好名次，好讓內容可以通過過濾機制，排在搜尋結果前幾名，並被納入建議觀賞名單。

潔琪·柯貝兒（Jackie Koppell）是新聞網站新訊（NewsyNews）的首席攝影師與創作者，先前被 YouTube 選為〈喜劇中的女性〉（Women in Comedy）節目的開場人，她也曾在經營多平台媒體的企業驚奇電視台（AwesomenessTV）擔任人力資源主管。柯貝兒說，要讓 YouTube 的演算法注意到你，基本上要有兩萬人以上訂閱，訂閱人次達到五萬才開始賺錢，十萬人訂閱才能讓大品牌注意到你。

她說，帶動成長的策略是利用臉書具潛力瘋傳與快速成長的特質，培養出廣大群眾，然後導引這些粉絲到你的 YouTube 頻道。我們在前幾章也討論過，人們花在臉書平台上的廣告費用遠高於 YouTube，臉書廣告平台比較便宜，也可以創造出更快速的成長。一旦你在臉書上能快速成長，就比較容易促使人們來到你的 YouTube 頻道。除了這套策略外，還有許多帶動成長與效率的戰術，你都可以應用在 YouTube 平台上。

觀看時間最重要

在 YouTube 演算法中，觀看時間最為重要，因此，人們觀看你影片的時間，比重上，比他們點開來看幾次更重要。要能成功，取決於創作出能讓人們花長時間觀賞的出色優質內容，以及善用能幫助你壯大的策略性協作。

和其他平台都不同的是，長度較長的內容在 YouTube 上成效很好。粉絲專頁「喜劇之牆！」的創建人喬伊萬．偉德說，人們確實會來這個平台觀賞比較長的內容。片長八分鐘是最適合的長度，接受度很高（前提是內容夠好）。

分享力公司的艾瑞克．布朗斯坦說，他的團隊認為，就長期而言 YouTube 尤其重要，因為上面的內容永遠都在，而且易於搜尋。如果你的內容夠紮實，就會被其他平台挑走，這時，你就能開始以有機的方式站穩根基。

發現內容與成長

布朗斯坦說，一般人多半從三種管道發現內容：⑴每個人都在分享你的內容，並開始瘋傳；這是最好的方法，不過由於 YouTube 本質上並非可分享的平台，因此並不容易。⑵透過搜尋。如果你能命中人們已經在搜尋的大數據與趨勢，這會是讓別人找到你的絕佳管道。⑶透過其他人的內容。這點也是協作時可以著力的重要理由。

強納森．史科葛摩便很成功；他是裘金媒體的執行長，也是 YouTube 頻道「失敗大軍」（FailArmy）的創建人，訂閱人次超過一千四百萬。「江南 Style」（Gangnam Style）曾是全世界最多人點閱的影片，同時期的第二名便是史科葛摩的公司出品的影片「二〇一二年終極女孩失敗集錦」（Ultimate Girls Fail Compilation 2012）。「江南 Style」二〇一二年十一月時，點閱次數達四億次，「二〇一二年終極女孩失敗集錦」則有二．九億次。史科葛摩說，他的公司看到 YouTube 根據用戶的行為和反應在演算法上做出種種改變，如果你是內容創作者，你必須夠敏捷，隨著 YouTube 的變動快速改變調整。請仔細研究平台，持續關注成效很好的內容。這又回到測試與學習的概念上了，讓別人可以搜尋到，永遠都是成長的關鍵之一。

克里斯．威廉斯是口袋觀賞媒體的創辦人兼執行長，之前也在創作人工作室擔任社群長，監督超過六萬個頻道。他說，想要在 YouTube 上成長，最好的方法就是結合付費媒體、協作、最佳化與播放清單。他深信使用付費媒體可以帶動有機成長。他補充道，人們被最初的影片帶過來之後，繼續觀賞的其他內容數量稱為後續點閱量（follow-on view），這是用來衡量支付給付費媒體的費用能帶動多少有機成長的實際指標。

他使用谷歌 AdSense 追蹤觀眾看什麼影片。他的團隊在判斷內容的效果時，看的是這項內容導引人們「多看」了多少其他內容。這項指標主導他們的策略，也影響了他的團隊如何運用付費媒體以帶動成長，並讓他們從中得到洞見，透視內容與行銷策略。

潔琪．柯貝兒補充道，她看過有人以贈獎為方法達成快速成長。尚在驚奇電視台任職時，她就看過有人贈送時尚相機或 iPad。如果你可以常常這麼做（她知道多數人都做不到），你的追蹤者人數就會開始飆漲。

協作導引出快速的有機成長

要在 YouTube 上打造社群有個最佳方式，就是和其他 YouTuber 協作分享群眾，這聽來雖然了無新意，且在過去十年來已經被說到爛了，但真的有用。你的協作夥伴最忠實的粉絲會訂閱協作群體裡面的每一個帳號。

七一工作室是世上最大型的網紅導向數位娛樂公司之一，其前任營運長菲爾．朗塔就善用策略結盟替 YouTube 上的網紅爭取到更多追蹤。他的團隊和擁有近五百萬訂閱者的瑞特與林克（Rhett & Link）雙人組合作，雙人組則又和電視節目主持人吉米．法隆（Jimmy Fallon）結盟。

瑞特與林克在 YouTube 上創作脫口秀節目〈美好的神奇早晨〉（Good Mythical Morning），他們和法隆的節目風格類似，但觸及的群眾不同。法隆的粉絲群年紀較長也較為傳統，瑞特與林克的粉絲群則比較年輕、較精力旺盛。為了達成協作以分享群眾，他們開始出現在對方的節目中。法隆上了好幾集〈美好的神奇早晨〉，瑞特和林克也在《今夜秀》（*The Tonight Show*）裡現身。這麼做對雙方都大有好處；和法隆合作，將瑞特與林克帶進主流，於此同時，也協助法隆突破，進入數位世界。

協作對於剛起步的人也有益。朗塔就曾屢次看到有人剛開始只有十個人訂閱，透過協作在一個星期內累積出超過二十萬名新的粉絲。善用適當的協作，可在 YouTube 上迅速壯大。舉例來說，當他在網路媒體全螢幕（Fullscreen）操作頻道結盟時，YouTube 上的紅人尚恩・道森（Shane Dawson）也在這個媒體網裡。這段期間，他觀察道森，認為道森是一位協作專家，可以推動很多人的事業生涯。他看著道森將較小型的創作人納入自己的旗下，和他們協作拍攝多部影片；通常，他們還沒大力推出自己專屬的影片前就已經開始走紅了。道森的協作拉拔了很多網路明星，帶領他們擴大群眾圈，例如夏娜・麥兒坎（Shanna Malcolm）和艾莉西絲・卓爾（Alexis G. Zall）。

請牢記我們在 Instagram 那一章中談過的協作祕訣：你不用一開始就與尚恩・道森這般有名的人合作。即便你的合作對象只有一萬名訂閱者，但其中的三百名很有可能會追蹤你的頻道。如果你一開始僅有不到一百名的訂閱者，就先和有一千名訂閱者的人合作，一步一步往上爬。

克里斯．威廉斯同意策略結盟和協作對於規模及成長來說至關重要，他的團隊認為自己已經成為效益絕佳的工具，可以創造「酷炫聯盟」。基本上，只要你和他們已經投入的某個目標有關係，他們就能讓群眾找到你並替你按讚。協作能以極有效率的方式導引群眾。

此外，朗塔也注意到很多網紅搬進了洛杉磯同一棟公寓大樓裡，以促進協作。顯而易見的是，在好萊塢與藤街（Hollywood & Vine）的大樓裡一度住了很多頂尖的社交媒體網路紅人（可苦了不是 YouTuber 的鄰居們）。

但，柯貝兒指出，不要僅因為這個理由就衝動地搬到洛杉磯。先善用你在家鄉能夠用上的所有人際關係再說。還有，如果你至少有一萬名訂閱者，你每個月可以有一天免費在全球各大城的 YouTube 辦公室拍片，包括洛杉磯、紐約、巴黎、倫敦和東京都有據點[1]，這是建立人脈與開始會見他人的絕佳方法。如果你決定移居，在這之前盡量先建立人脈，轉換會比較容易。

集中心力和頻率

朗塔相信，要在 YouTube 上培養出穩健的觀眾群，應該將多數的心力集中在專為這個頻道創造內容。他不是要你在 YouTube 上培養群眾時忽略其他平台，而是說你得集中火力拍五部 YouTube 影片，這樣勝過拍兩部 YouTube 專屬的影片、兩篇臉書貼文與做一場播客。他解釋，規模會帶來成長，因此，最佳策略是針對 YouTube 製作大量內容，再利用其他平台和粉絲互動，帶動大家去點閱你的 YouTube 影片。當人們把主要心力放在 YouTube 上時，得到的總訂閱人數會高於同時將內容分散在各處。

還有，如果你每天都在 YouTube 創作優質內容，對你的成長來說大有助益。朗塔說，最快速的成長之道就是多試幾次，多試幾次指的就是多拍幾部影片。發布頻率對於培養群眾來說十分重要，當你剛起步時尤其如此。當然，你不應拿出你不喜歡的內容，

1. YouTube Space, https://www.youtube.com/space.

但是，如果你是影片部落客，一星期卻只上傳一部影片，就很難和每天都上傳的人比肩。粉絲每天都在，因此，如果你有時候一連貼出四部影片、有時候又連著幾天都不出現，大眾就會開始忘了你。

要有強烈的觀點並堅守單一主題

朗塔相信，每位在 YouTube 上成功的創作人最重要的共同點，就是他們皆抱持強烈的觀點，並以此為核心持續創作內容。他們的重點可能放在喜劇幽默感、化妝風格或健身概念等等，可是都自有能讓他們脫穎而出的部分。

一旦你明白讓你與眾不同的因素，請在你的頻道上突顯這些特質或主題。如果你堅守，通常都會成功。對於影片部落客來說，這一點比上鏡好看或擁有很多經驗來得重要。朗塔觀察到，有出色技能的人如果不能堅守單一特定主題，通常無法成功。太常更換主題會讓人們覺得困惑，從單一觀點切入主題，比較有機會找到群眾。

如果你去看 YouTube 上的留言，就會看到人們最愛的影片和頻道類型，都是會讓人覺得彷彿正在和最好的朋友對話。如果你無法在這些影片和頻道中清楚表達，就很難感受到對方是你的摯友。因此請保持簡單，從聚焦小範圍開始。

雙向對話

YouTube 給了人們一個社群，一個可以和他人對話的地方。社交媒體明星與傳統影視明星在成功上最大的差異是，成功的社交媒體內容創作者給人的感覺像是和自己聊天的朋友，成功的電影或電視明星則遙不可及。社交媒體明星激勵人心，電影明星則讓人心生嚮往。

朗塔說，如果你是影片部落客或是網路紅人，人們心中預設的期待是看到一個可能成為他們的朋友、或是能和他們互動的人，群眾很愛看到留言中提到自己。某些高知名度的重要創作者進行的是單向對話，比較像是基本教學或網路電視頻道。這些影片可行，是因為人們比較是從觀賞電視節目的角度來看這些影片，這時候留言就沒那麼重要了。但如果你的目標是成為 YouTube 紅人或主持人，那麼，雙向對話就很重要。你要和群眾聊聊，將他們納入對話中，讓他們覺得自己是你的朋友。

熱情與知識

朗塔說過，如果你不是真的喜愛你在談論的內容，那你就是在做一件錯誤的事。在 YouTube 平台上成功的人，對於自家影片的主題都非常狂熱。而且，因為這是一個開放的市場，只要你能創作出很酷的內容，幾乎什麼主題都有人看。

網路上有些深層文化。舉例來說，如果你進到超級英雄或漫畫書的世界，裡頭充斥著狂熱分子，你必須真的清楚你正在做一個談論這類作品的頻道。朗塔解釋，如果你只是回到家想想後覺得「漫威（Marvel）很流行，那我來當個漫威名嘴好了」，然而實際上你根本不是專家，大眾馬上就嗅得出你完全不實在，你的內容也會失敗。

要確認你對於自家頻道上討論的主題知識淵博，而且熱情無限。人們會積極回應真誠的熱情，再者，你也會樂於學習你喜愛的一切相關事物。這有助你興致高昂，並給你動力投入必要的心力，以經營出蓬勃發展的頻道。

同中求異

剛開始在 YouTube 上建立群眾時，你需要遵循基本的內容模式和趨勢。通常你無法無中生有，拿出完全沒人聽過的內容。朗塔總是告訴大家，最重要的就是要**同中求異**。你的風格必須要易於辨識，人們要能理解情況為何，同時，也必須要有足夠的差異讓人們來追蹤你，而非其他的影片部落客。

柯貝兒指出，化妝教學與遊戲類頻道成效很好，家庭／親子內容在 YouTube 上也是常勝軍。她也提到，要讓大家多花些時間觀看你的頻道，目前有股趨勢很受歡迎，即利用線索鼓勵群眾留下來。像是你可以說：「我等不及要告訴各位了；我會在影片結尾時揭曉我的祕密驚喜。」或者，如果你的主題是美容教學，你可以說：「各位，請把影片看到最後，因為我將會讓大家看到全貌。」

雖然你應該遵循上述祕訣，但也需要發展出屬於你自己的獨特作法。找到你自己真正的聲音和公式，確認你有帶進自己獨有的個性，並讓大家看到真正的你。沒有人會和你一模一樣，而且，如果你讓完整的自我上鏡，將會幫助你發光發熱，得到更多粉絲。

帶動瘋傳的機器

朗塔的七一工作室和羅曼．阿特伍德（Roman Atwood）合作，後者是全球數一數二的頂尖社交網紅，擁有超過一千五百萬的訂閱者，他製作的瘋傳影片點閱次數超過四十五億次。阿特伍德的名氣，起於創作爆紅的惡搞影片，之後他善用這些成就另創影片部落格，製作比較適合闔家觀賞的日常影片。

阿特伍德是一部帶動瘋傳的機器，他不僅可以讓影片處處爆紅，更能持續創作這類影片。其中有一大部分原因在於他了解影片該有的步調，也知道影片要具備哪些因素才會有人點閱或具娛樂性。他完全不需要去上表演課或主持人學院。自從阿特伍德開始在線上搞笑以來，他就很能掌握鏡頭，整個人看起來英俊瀟灑、青春洋溢且精力充沛。

朗塔說，他讀過一篇談游泳選手麥可．菲爾普斯（Michael Phelps）的文章，文中提到他成為成功泳將的原因。菲爾普斯的心臟天生就很大，而且手指明顯長了蹼似的，彷彿他天生就是泳者。朗坦覺得，很多 YouTube 明星會紅也是出於相同理由：他們就好像在某個實驗室裡經過特殊設計，天生就是要成為 YouTuber。朗塔指出，表現好的人會去傾聽與學習，在精益求精以及設定策略這方面大量吸收資訊，而且他們會觀察粉絲的行為，然後特別去回應。

克里斯．威廉斯也同意個性是一項重要指標，可以看出一個人在 YouTube 上能有多成功。但是，他的團隊做了進一步分析，研究萊恩玩具評鑑（Ryan ToysReview，現更名為萊恩的世界〔Ryan's World〕），試著判斷是哪些特質導引這個頻道出現驚人的成長；萊恩的世界是全世界最大的 YouTube 創作者頻道，也是威廉斯公司的合作夥伴。據富比士（Forbes）指稱，光是二〇一七年，當時六歲大的主持人萊恩從他的 YouTube 頻道就賺進了一千一百萬美元的營收。在富比士的年度獲利最高 YouTube 頻道排行榜上，這個頻道名列第八。[2]（他真是個幸運的孩子，因為他實現了每個孩子的夢想，有人付錢給他在頻道上玩玩具，還請他評鑑。）

威廉斯覺得，萊恩的成就有一大半是因為他展現出多元文化。威廉斯會注意到這個概念，源於某次他在看巨石強森（Dwayne "the Rock" Johnson）的專訪影片時，訪談中，強森被問到為何這麼受歡迎。強森說，他認為很多人和他有共鳴，是因為他們和他有相同的國籍與族裔，認為巨石強森「是他們的同類」，而他和很多不同族裔都有關係。威廉斯說，萊恩也有同樣的吸引力。他看到的是，如果一個人在別人眼中擁有多元文化，在 YouTube 上就是一種可以帶來豐厚報酬的特質。他也認為，萊恩媽媽具感染力的笑聲（她是掌鏡人）有助於頻道的成功。還有，當然，篩選讓萊恩評鑑的內容和玩具，絕對有助攻的效果。

柯貝兒補充道，最傑出的網路紅人都很努力。一般人很容易看輕網紅所做的事；實際上，他們非常善於自己的工作，他們身上有些會讓人很想看的東西。他們不斷推出新內容，讓自己與時俱進。她認為這很值得尊敬，也很寶貴。

多重管道網絡的價值所在

多重管道網絡（Multichannel Network，縮寫 MCNs）會和各種影片平台協作，比方說 YouTube，可以在許多面向為頻道主人提供協助，例如數位權利管理、程式、募資、合夥人管理、開發群眾、產品、交叉推廣、流量轉為營收，或是用銷售交換頻道部分的廣告收入。

要不要加入 YouTube 上的網絡，取決於你目前處於事業發展的哪個階段，以及你的目標是什麼。多重管道網絡可以大有用處，但這就好像簽下經紀人或經理人一樣，你不會想成為別人拿來墊底的對象，你也不希望陷入一體適用的情境，硬生生被套上無法滿足你的品牌所需的策略。

2. John Lynch, "A 6-Year-Old Boy Is Making $11 Million a Year on YouTube Reviewing Toys," *Business Insider*, July 19, 2018, https://flipboard.com/@flipboard/-a-6-year-old-boy-is-making-11-million-a/f-3ff3f0cd46%2Fbusinessinsider.com.

舉例來說，朗塔說，假設有一個多重管道網絡讓你可以存取某個科技平台，幫你取得深入的數據和分析以利做出更好的決策，但是，如果你不那麼熱中於解析數據和分析，這套多重管道網絡可能就不適合你。不過，如果你已準備好組合配套並銷售你自己的電視節目，而這套多重管道網絡又可以追蹤這個領域的成績紀錄，加入的話很可能獲得極高的價值。

觸及孩童與分析指標

威廉斯指出，如果你的受眾目標是小孩與家庭，YouTube 就很好用，因為「每個小孩都活在 YouTube 裡」。有七成以上的兒童影片內容皆透過串流平台播放，以親子共同觀賞的時間來說，YouTube 獨占鰲頭。

當威廉斯的公司專門鎖定孩童族群時，YouTube 就是帶動成長的主要平台。對象是小孩時，你的衡量指標就不完全和訂閱人數有關，因為小孩太小不能訂閱。反之，他的團隊會把策略放在主攻演算法的優化，讓他們可以在推薦影片與相關影片清單中列於顯眼的位置。他們關注的指標通常是觀看時間以及後續觀賞次數（在看過最初的影片後，又看了多少其他影片），以判斷戰術成效。

爆紅瘋傳

身兼電影工作者的坎普愛製作公司執行長兼創意總監佩卓・佛洛瑞斯，個人擁有三十萬名訂閱者，其爆紅影片「墨西哥塔可餅」點閱次數超過一億次，他說，爆紅瘋傳這種事永遠都像在丟骰子。你可以在影片中加入所有讓影片爆紅的元素，但你絕對不知道究竟會不會成功。

他從沒想過「墨西哥塔可餅」會爆紅；這部諷刺小品主題談的是他這個外表很不墨西哥的墨西哥人。這次的成功讓他對於自己想創作的內容型態徹底改觀。在「墨西哥塔可餅」之前，他從沒想過拿自己的族裔做文章，但是，在看到觀眾的反應一片大好之後，他現在專攻這塊小眾市場。你一開始不知道什麼適合你，你要經由創作內容、測試，然後學習，才能找出你的受眾的口味；這些話聽起來很耳熟嗎？

佛洛瑞斯說，你必須不斷改變。他很清楚這一點。佛洛瑞斯一開始就在 YouTube 平台上創作了「Myspace 之王」（Kings of Myspace）與「YouTube 之王」（Kings of YouTube）等早期爆紅影片（如果你認真看的話，會看到我在後面這部影片裡）。他也是許多 YouTube 明星的導演，並經常與這些人合作，對象包括擁有超過四百萬訂閱者的提摩西．德拉托（Timothy DeLaGhetto），以及擁有三百萬以上訂閱者的超級力夠頻道（SUPEReeeGo）的艾瑞克．歐喬亞（Eric Ochoa）。他也順利轉換自己的頻道，從原本僅有的英語內容變成全西班牙語內容。之後，他又從真人西班牙語頻道變成多半使用卡通的頻道。你得願意隨著時間改變，跟著趨勢前進。他說，如果你無法跟上，就會被拋在後頭。

要點提示與複習

- 在 YouTube 上至少要有兩萬訂閱者，演算法才會注意到你；至少要有五萬名訂閱者才能開始賺錢，十萬名訂閱者才能讓大品牌注意到你。
- 目前，YouTube 的演算法給予觀看時間較長的影片較高的權重。較長的內容在 YouTube 上的成績很好。
- YouTube 是最難達成迅速成長的平台之一。
- 在此平台上的成長主要透過演算法、搜尋和協作。
- 要持續，每天都提供內容。
- 協作是在 YouTube 上快速成長的關鍵。
- 搬到好萊塢與藤街，以利於找到 YouTube 協作者。開玩笑的啦（某種程度上也真是如此）。
- 如果你擁有一萬名訂閱者，每個月都可以有一天免費使用 YouTube 位於各大城的辦公室拍片。

- 檢視某項內容導引觀眾多去看了多少其他內容，藉此來判斷初始內容的成效。
- 利用谷歌 AdSense 追蹤人們看了哪些影片。
- 根據需求，利用訂閱者、觀看時間，以及後續觀看來分析你的指標。
- 對於你的內容和頻道抱持強烈觀點。
- 在頻道上堅守單一主題或觀點。
- 如果你的目標是要成為網紅或主持人，那麼，與你的粉絲們進行雙向對話很重要。
- 對於你的主題抱持熱忱，還要有淵博的知識。
- 你處理主題的方式與創作內容的風格要在同中求異。
- 化妝教學、遊戲頻道與闔家觀賞節目在 YouTube 上是常勝軍。
- 利用線索鼓勵人們留下來看完你的內容。
- 在你的影片部落格裡提到粉絲，引發他們的興趣。
- 認真努力、保有彈性，並跟著平台變動調整。

第十章

Snapchat的真實面

本章會很短。決定這麼做的理由與我不針對推特專門寫一章相同：我不用這些平台。我不認為這些平台能像其他平台一樣，為人們提供成長以及將流量轉換成營收的機會。事實上，你在本章也會看到，很多在 Snapchat 上的重量級人士都紛紛離去，轉往 Instagram 限時動態（Instagram Stories）。你在這裡學到的很多內容策略，都可以套用到 Instagram 平台的功能上。即便如此，某些品牌還是認為使用這個平台大有益處，這裡有些網路紅人一星期最多可賺到十萬美元。

想要在 Snapchat 上成功，最大的障礙是僅能靠著協作或是付錢給名人請對方致敬（shout-outs）。要在這個平台上讓群眾看到你是非常困難的任務，這上頭幾乎沒有搜尋工具，Snapchat 在早期即決定不為網紅提供太多支援。

然而，這並不表示此平台全無行銷益處。第一影響力公司（First Influence）是一家數位行銷公司，其核心焦點就放在 Snapchat，公司執行長克莉絲緹・蔡（Christy Choi）就學會如何善用 Snapchat 作為直接回應的工具，成功地讓很多觀眾安裝她的客戶的應用程式。克莉絲緹・蔡相信，這套作法能成功，是因為人們已經和這個平台上的網路紅人建立起關係。Snapchat 是一個聊天平台，其重點不在於公開展示照片，打造這套平台是為了用於更私密的關係，即使網紅沒回應，受眾仍可感覺他們和傳送訊息的對方是在直接對話。平台營造出的這種親密度，使得當網路紅人以此召喚群眾有所行動時，人們會覺得是在對他們個人提出建議，就像是好朋友拉著你的手說：「嘿，試試看這個，超酷的。」

Snapchat 上的內容創作與策略

Snapchat 上的內容如果是協作性質的，而且某種程度上是以群眾為主角，效果會很好。克莉絲緹．蔡替多家品牌壯大 Snapchat 上的帳號，她發現，有一條成功戰術是每星期都發布具參與性質的故事，讓她的受眾回答問題。舉例來說，她會以猜歌名或類似的情境為核心創作一個故事。她貼出這首歌，由群眾回答。他們會直接回覆她一個答案，或一張附上答案的自拍照。這很受歡迎，也營造出高度的互動。

基於 Snapchat 的協作本質，回應率通常高於多數其他平台，有鑑於此，克莉絲緹．

蔡建議善用行動號召，要大眾把他們的想法或意見傳送給你。同樣的，人們希望能感受到他們是和網路紅人直接對話，而非僅是貼文上的消極按讚或留言。

☑真心誠意

克里斯．卡麥可（Chris Carmichael）說起他如何在這個平台上受到歡迎的始末；他是Snapchat上的原創創作人、也是一位網紅（他是第一個累積出十萬名追蹤者的人），目前則是比斯麥許公司（Bitsmash）的執行長，這家公司開發的應用程式，讓人更容易僅用智慧型手機就能經營創意影音部落格。Snapchat從二〇一四年開始流行，當時他正在冰島旅行。而這個平台在美國還不太熱門，不過他注意到，在冰島甚至連爺爺奶奶都用Snapchat作為通訊工具。觀察到這些行為後，直覺告訴他這套平台將會飆升，他也開始每天發動態。光是這趟旅程，他就在自己的Snapchat帳號中累積了一萬次的點閱次數。在當時，根本沒有人想到要把這套平台當作網路紅人的養成工具，因此，在這裡獲得一萬次的點閱是一個很新的概念。

這次的成功後，沒多久他就移居紐約，開始和一些「Viner」（這裡指的是在應用程式 Vine 上活動的人）合作，試著幫他們在 Snapchat 上壯大。最後，卡麥可讓一則「快照」（snap）訊息得到約十五萬次的點閱，並獲得傑洛米・雅爾（Jerome Jarre）、金・巴赫（King Bach）和維塔利（Vitaly）等人的致敬。這些致敬的轉換率約為一〇％，數據之高前所未聞；通常都只能轉換成一％到二％的觀賞者。

各大品牌也開始來找他。卡麥可從一開始的交換報酬（免費吃拉麵），直至一則動態價值一萬美元，合作品牌如迪士尼、環球影城（Universal）、獅門娛樂和福斯影業（Fox）。他很快就發現直立式影片（Snapchat 和 Instagram 限時動態上播出的影片類型）將會是下一個讓年輕人沉迷的媒體。他明顯看出各大品牌對於如何使用直立式影片媒體毫無頭緒；很多品牌試著套用傳統廣告的意識形態到一個根本不吃這一套的平台上。多數 Snapchat 用戶都是介於十三歲到三十四歲的千禧世代，他們一看到傳統廣告，當下即能嗅出其中動機的不純正，會馬上關掉。大品牌來到 Snapchat，作法是試著把傳統邏輯套到一個不能說謊的極私密平台；在這裡，你不能說：「買這種牙膏，你的人生就會更美好。」如果你說謊或試著推銷，就會失去群眾。你必須真心誠意，說實話。而且，在直立式影片中，你的臉部表情會變得很近，就在觀眾眼前，因此，如果哪個人說話時不是誠心喜愛主題產品，臉部表情就會洩漏真心，對品牌反而造成反作用。

卡麥可注意到，很多名牌同樣犯了錯，試著製作高檔、精美的內容放到 Snapchat 上，這可不是年輕一輩會喜歡的東西；他們無法和這些內容產生連結，他們喜歡的是隨意塗鴉和失誤。克莉絲緹．蔡補充，人們不會事先去想他們要發的「快照」。他們注意到一件事，拿出手機、打字，然後發送；這就是 Snapchat 平台的特質。

克莉絲緹．蔡培養出一位網路紅人麥可．柯瑞（Mike Khoury），柯瑞在 Snapchat 上發一則快照會得到二十萬次的點閱，對一個未擁有知名 YouTube 頻道、過去在 Vine 上也沒什麼人追蹤的人來說，這項成績很了不起。他創作喜劇內容，三不五時就對著什麼大吼大叫。他說話時不斷犯錯，但這很有效，因為很有趣也很真實。在 Snapchat 平台上的人就喜歡這樣；這就是他們分享動態的動力。

年輕人喜歡看到具有種種缺陷、有血有肉的人。面對群眾時要真誠、真實且不隱藏脆弱面。

有益於事件

世界衝浪聯盟的社群長提姆．格林伯格說，Instagram 限時動態剛開始發展時，他的團隊看著他們的平台說：「我們不想在兩個平台上創作同樣的內容，那麼，我們要如何將不同的聲音和取向帶進 Snapchat？」他們決定，將 Snapchat 用來作為粉絲追蹤衝浪聯盟社群媒體團隊的管道，跟著他們繞著全球跑；Instagram 限時動態則專門留給和運動員有關的內容，因為他們在這裡能得到最熱烈的互動。

當世界衝浪聯盟報導比拉博管道大師賽等現場活動時，他們見識到 Snapchat 帶來的成功。在這個平台上，他們努力表現得更風趣、更具個人特色。格林伯格說，你可以放入更多樂子，反正內容在二十四小時後就消失了。這是一種私密性的工具，可用來帶著衝浪迷更接近海灘。他們也試著營造出彷彿在與朋友對話的氛圍，像是對群眾說：「嘿，我現在人就在活動現場，我們來看看現場實況吧。」

「喜劇之牆！」的創辦人喬伊萬．偉德補充道，你可以把內容會消失這點當成優勢。他的團隊會在 Snapchat 上創作特定內容，鼓勵群眾在星期五的五點整這時間點來看，等到星期六，五點鐘一到，內容就消失了。他們創作訴諸現場形式的內容，這會促使人們趕快過來看。

在這個平台上很難被看見

克莉絲緹．蔡說，Snapchat 上的創作者很難被看見。她覺得，網路紅人能為平台增添「一點閃爍光芒」，遺憾的是，Snapchat 並不鼓勵他們在平台上成長。現在，Snapchat 開始發出認證給品牌／名人，你也可以搜尋不同的興趣，例如音樂。但是，當你在搜尋興趣時，平台只推薦前十名的歌手，這並不夠，它無法協助名氣較小的人成長。整體的使用者經驗也不算愉快；克莉絲緹．蔡說，當你試著尋找你想要的內容時，可能會覺得自己像「在垃圾桶裡翻找」。

在這個平台上要成長，就只能和同樣身為網紅的人禮尚往來互相致敬。你必須參與對方的動態、分享 Snapcode，並追蹤對方。這是成長的唯一方法；除非你的名氣已經大如凱莉・詹娜（Kylie Jenner）之輩就另當別論，在這情況下，追蹤者會自動前來。

善用協作

卡麥可說，想要培養關係，你必須一步一步往上爬。先和基層的人碰面、貼近他們，獲得致敬。創造出別人無法創造的獨特價值，當人們覺得你未來會成長，他們就會和你合作。你必須先從簡單的對象（追蹤者比較少的人）入手，期待會有人希望能和你一起寫下故事。

克莉絲緹・蔡在建立某個品牌帳號時，都是藉由付費給網路紅人的致敬才吸引來大多數的追蹤者。而在 Snapchat 上，你必須用特定的方式去做，不能請網紅直接說：「嘿，有一個頻道超酷的，這個頻道做這個做那個，大家一起來追蹤吧。」反之，你要營造出你早就和知名網紅已是好友的假象。她會要求網紅這麼說：「各位，順便和我的朋友克莉絲緹打聲招呼吧。」

經過最初的行動後，就會開始有幾千名年輕人追蹤她。這些孩子們想的是：「我不知道克莉絲緹是哪號人物，但她是我喜歡的那個人的朋友，朋友要我跟她打聲招呼，我就做了，反正還滿好玩的。」這幫助克莉絲緹・蔡累積出大量追蹤者，因為在 Snapchat 上，要互加好友才能和對方互傳訊息。通常，在她打算憑藉網紅引來追蹤的當天，她會發出一則互動性高的動態，促使人們留下來。她的戰術是在頻道上以粉絲為主角，比方說：「嘿，如果你在看我的動態，那麼，好幾千人都會看到你。」這樣的誘因多半都會成功。

☑人們紛紛離 Snapchat 而去

就行銷觀點來說，克莉絲緹・蔡認為 Snapchat 上的轉換率很不錯。相較於 Instagram 限時動態，假使她請同一位網紅在 Snapchat 上做同樣的推廣，她看到的是 Snapchat 上的轉換率比較高。但是，這裡的挑戰使得愈來愈多的網紅紛紛離 Snapchat 而去。

很多人之所以轉向 Instagram 限時動態，是因為在 Snapchat 上無法成長。他們並不確知自己擁有多少追蹤者，況且看著點閱次數不斷下降已有一段時日，這著實讓人氣餒。克莉絲緹・蔡覺得，成為網路紅人當然會讓人感到飄飄然，可是如果不知道自己擁有多少粉絲或看到點閱數不斷下降，就會是一大問題。

Snapchat 的元老級創作者都試圖突破，設法進入其他平台。很多人現在也會去 musical.ly＊；如果你能在那裡成為要角，就能培養出追蹤群眾。多數使用社交媒體的人都努力尋求成長，要在 Snapchat 上辦到這一點確實有困難。

至於品牌，克莉絲緹・蔡注意到近來愈來愈少品牌定期貼文，他們看來不太熱中，可能是因為平台沒有成長，或是他們認為 Snapchat 已經退流行了。

＊ 編注：二〇一七年，應用程式抖音的母公司收購了 musical.ly。二〇一八年，musical.ly 與 TikTok（抖音的國際版）合併。

卡麥可補充道，品牌想要聘用善於經營 Snapchat 的人，需要花很多心力與金錢。如果有個人真的這麼出色，他們通常會自立門戶，經營自己的平台，沒有理由僅為了一家品牌效命。因此，品牌最後通常會讓自家辦公室的社交媒體經理來張貼內容，大致上都很無趣或非常靜態。進一步說，品牌很難衡量他們的活動是否帶來任何回報。因此，很多品牌也跟網路紅人一樣，最後都將重心轉移到 Instagram 限時動態，告別 Snapchat。

卡麥可認為，眾人紛紛離 Snapchat 而去，主因是這個平台一開始就決定不和網路紅人合作；事實上，Snapchat 根本迴避這些人。平台說得很清楚，他們不會協助網紅。多年來，Vine 也犯下一模一樣的錯誤，導致很多用戶流失，大眾紛紛跑到臉書和 Instagram，之後平台才努力要把人找回來，但一切都已經太遲了，對 Snapchat 來說可能為時已晚。

當 Instagram 開始仿效 Snapchat，所有網路紅人都在想：「嗯，我只要宣傳我的 Instagram 就可以在限時動態和影像饋送中出現，那為何要同時宣傳 Instagram 和 Snapchat？」由於 Instagram 容許成長，很快地，很多網路紅人的 Instagram 限時動態得到更多的點閱次數。你可以使用主題標籤方便大家搜尋你的動態。如果你剛好在某個類別中成為排名在前的貼文，你會得到很多的點閱次數，人們也能找到你的檔案追蹤你。換言之，如果是 Snapchat，基本上沒有人能達到這樣的成效；即便你最後登上公開動態，群眾還是無法接觸到你，找不到你是誰、也無法加你為好友。

直立式影片是未來

卡麥可和克莉絲緹・蔡都相信，社交媒體的未來是直立式影片。他們看到席琳娜・戈梅茲（Selena Gomez）、魔力紅（Maroon 5）等歌手開始在 Snapchat 等平台上以直立式影片的格式來呈現音樂。卡麥可認為，這就是未來影片發展的方向，因為它極具個人特質。他說，直立式影片幾乎就像一扇窗，讓你看進另一個人的世界。如同你拉著對方的手或是即時視訊。它提供了水平式影片無法提供的親密度與緊密度。

進一步來說，Instagram 限時動態現在允許你釘選／儲存某些動態，將其永久留存在你的饋送管道中，一如 YouTube 的影片。正因如此，網路紅人開始製作與儲存敘事風格的娛樂性影片動態。他們會釘選，讓大眾之後還可以觀看。克莉絲緹・蔡相信，直立式影片的喜劇小品與藝術性的敘事動態在未來幾年將會主導局面。

要點提示與複習

- Snapchat 被打造成聊天平台。人們喜歡「快照」帶來的親密感，覺得自己像是直接和網路紅人聊天。
- 創作能和群眾交流的內容。運用行動號召。在你的動態裡提到他們。請粉絲傳送他們的想法和意見給你，或是請他們回答問題。由於 Snapchat 具有協作的特性，回覆率通常高於多數其他平台。
- 要真誠、不隱藏脆弱面且真實。
- 說實話。這套應用程式會非常貼近你的臉，如果你說謊，別人可以分辨出來。（不要變成小木偶！）
- 在創作的內容中犯錯沒關係，這個平台甚至鼓勵你這麼做。
- 要持續，每天創作內容。
- Snapchat 很適合用來報導現場活動。

- Snapchat 的唯一成長之道就是致敬並與網紅合作，出現在彼此的動態中，分享 Snapcode，追蹤對方。
- 唯一重要的數據，是一天有多少人看你的動態，不像其他平台一樣，得去看有多少追蹤者。
- 因為在 Snapchat 上難以成長，導致很多人都轉投向 Instagram 限時動態。
- 直立式影片的喜劇小品與藝術性的敘事動態在未來幾年將會主導局面。

第十一章

利用領英帶動
實質業務成長

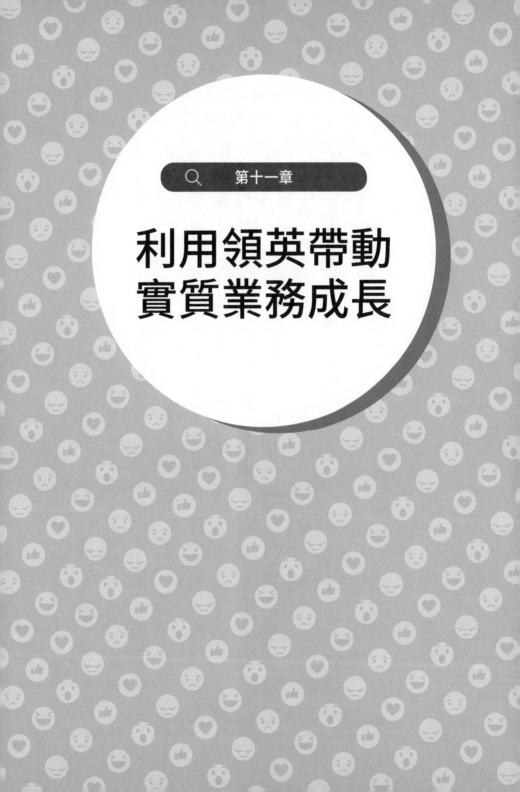

領英是一個強大的平台，能幫助你鎖定、並接觸到能為你的業務帶來顯著成長的特定人士。有些人一開始僅視領英為一個找尋工作和人才的平台，不過若能妥善運用，這裡的廣告效果極佳，可用於銷售產品、完成重大交易，以及締結改變事業生涯的人脈關係。

舉例來說，假設你有一樣能為一家至少擁有千名員工的企業之行銷長帶來好處的產品，領英便是讓你找到很多這類人士的最佳工具，甚至是唯一的工具。

阿傑．威克斯（AJ Wilcox）是一位專攻領英廣告的顧問，二〇一四年創辦了網路公司B2Linked.com，管理超過一千個領英廣告帳戶，在這個平台上累計花了超過一億美元（超過全球任何個人或企業），並管理領英前五大顧客當中的三家。他相信，為了打造並壯大你的品牌或公司，當你想要尋找特定職務、技能或業務相關特色的人，在領英上最容易聯繫到這類人。

☑ 業務發展與締結強韌的結盟

威克斯說，領英非常適合用來求職，因為不管是誰，只要你想，都可以藉此聯繫。會限制你去接觸他人的，僅有你自身向外經營的能力。你可以利用搜尋功能，去找到你想要合作的企業之行銷主管。如果你可以為對方提供出色的服務，沒有什麼可以阻止你編纂量身打造的訊息，大大方方提出聯繫要求，比方說：「您好，我已經追蹤您好幾年了，我真心欣賞您的作品，想要與您聯繫。」一旦你在領英上和某個人聯絡上，就能取得對方的電子郵件或是他們出示的其他檔案資訊。你可以免費發送與回覆無限的電子郵件。

如果某個你認識的人認識某個你想聯繫的人，比方說你的理想顧客或夥伴，你就可以經營一條傳達管道。重點是你向外經營的方式要夠聰穎，不要光想著發送要求說：「嘿，我想打個電話給您，賣您一個好東西。」重點在於找到方法提供價值，先從恭維或是能建立起關係的事物開始，不要嘗試推銷。

威克斯指出，每個人都痛恨被推銷，但每個人都愛買。因此，當你踏出步伐向外經營時，不要一開始就做得像要賣東西，否則，這將是他們最後一次理你，之後你會被歸類在垃圾訊息裡。我在向外接觸時，抱持的意圖是要提供真正的價值，以協助對方壯大業務，或在職場上更為成功，我個人發現這麼做非常成功，可以大幅提高獲得回應的機會，最終將能導向銷售。不要向他們推銷你的服務或產品，反之，請透過你的產品或服務，為他們提供獨特的價值。我知道這聽起來有點相似，因此，讓我為你舉個實例。

我曾在一家公司擔任顧問，該公司的業務是銷售付費優化社交媒體（亦即管理社交媒體付費活動並進行優化）服務給《財星》百大與五百大企業，向外接觸時我不會說：「嘿，我想跟你談談如何管理貴公司的付費社交媒體活動。這星期你有時間簡短談一談嗎？」這聽起來推銷意味太濃厚，絕對不會有人理我。取而代之，我會發出以下的訊息：

（對方姓名）您好，我要先恭賀您在（公司名稱）的卓越表現，您在（引用一項具體的專案、產品或活動）上獲得的成就，眞的很了不起。

由於您是數位領域的專家，我想爲您提供訊息，我們最近推出一套新的科技平台，可以萃取數據，讓您知道您的所有競爭對手在社交媒體管道上的支出，並透視他們過去的表現。平台也提供深入數據告訴您，訪客在觀賞競爭對手影片之前與之後又看了哪些影片，以及他們從哪個社交平台觀賞。

平台最有意思的部分，是這些數據可以探勘，用來強化您自己的影片品質分數，回過頭來，還可以拉低活動的每次點閱單位成本，並帶動影片自動瘋傳。平台最棒的一點是一切百分之百透明，最高可以爲您的付費媒體活動省下（插入讓人眼睛一亮的數據），同時將您的績效提高（插入讓人眼睛一亮的數據）。

我們目前和（客户列表）都有合作推廣這項新科技。由於您向來身在數位領域尖端，我希望也把這項資訊傳達給您，因爲我認爲這對您會有幫助。若您有興趣了解詳情，我很樂意到貴公司親自爲您做介紹。

敬祝　愉快

布蘭登・肯恩敬上

這封訊息的定位是要為對方提供價值，讓他們在社交媒體上的作為更加成功，而不是想要推銷什麼。基本上，你可以將同樣的規則套用到人與人之間的人脈經營。在經營人脈的活動中，你絕對不會走到人們身邊，把你的名片硬塞進人家手裡說：「您好，您在某某公司任職，我們應該來做點生意。」這麼做，只會讓很多人藉故去拿雞尾酒避開你。一定要從軟性的介紹開始，然後盡可能快速找到你要如何為對方提供價值。

內容帶來推介

威克斯會藉著大力分享內容好讓群眾經常想到他，也因此幸運地替他的經紀公司創造了許多業務。目前，他的人際網裡有三千人。這個數字看起來不高，但是，這三千個業務人脈關係中，每個人都知道他身為領英專家的價值所在，知道他可以幫助他們或他們認識的其他人成長。如果他的群眾每個月從饋送裡看到他一次，或者，每次他們登入帳號時就看見他又發了新東西，就比較可能來找他。這是因為，透過分享讓別人想到你，會讓你在聯絡清單上占到比較前面的位置，優於其他供應商。我的親身經驗將告訴你這樣做的確有效，因為我個人也推薦過幾位潛在客戶給威克斯。

威克斯發現，最有價值的是去做一些簡單的更新，例如每週分享一些新的內容、想法和經驗，而不是用領英的撰寫專文功能。因為，無論如何，你都要靠自己帶動流量去看你的內容，領英在這方面並未提供太多協助。但，如果你有時間，想針對某些主題寫些新東西，那當然會有幫助。重點是，為人們提供免費資訊能引來推薦，你寫不寫原創內容並不重要。只要內容洞見寶貴，就能讓人們想到你的專業和權威。

你甚至可以分享非純專業的內容；在專業資訊中混入個人化訊息，完全沒問題。舉例來說，威克斯就看過一位人力資源招募專員寫過的一篇文章，內容講述一位應徵者來面試時遲到了十五分鐘，一句抱歉也沒說。這位招募專員在領英社群發問，想要知道有沒有人會建議聘用這種人。他看到一大群人留言說：「不會，不要理他了。」或「會，給他一個機會，他可能就是一個不具備社交技能的工程師。」光是這則貼文，就引發了一長串對話。

這十分寶貴，因為領英與其他社交媒體網路有一大差異，就是任何社交互動（按讚、留言或分享）都會讓對方網路中的一部分人看到你的內容。如果你寫出很有吸引力的內容激發其他人的互動，你就有輕鬆瘋傳的機會。你的內容可以觸及你本身聯絡人的網絡、聯絡人網絡中其他人的網絡，一層一層傳下去。

聯絡人多，不代表影響力就高

威克斯精挑細選領英上的聯絡人，他連結的對象只限於他親自見過的人，或是他認為有工作能力的人。他不會僅因某個人屬於同一個產業就去聯繫對方，也因此，他的聯絡人數相對較少。

通常他會和擁有一萬五千、二萬甚至三萬名聯絡人的人見面（領英最多僅容許三萬名聯絡人，除了名列極尊榮網路紅人方案的人例外[1]）。但是，人數多在領英上通常不見得有益，因為當你在分享內容時，和網絡裡大多數人都有私交會比較有利。當威克斯分享內容時，他的朋友或同事會支持他、替他喝采；不管他貼出什麼，他們幾乎都會按讚或留言，因為他們很忠誠，非常在乎他的成敗。如果你擁有大批群眾卻無人對你的內容按讚或留言，領英會認為這樣的力道比較弱，不會把你的內容秀給很多人看。

向懷抱事業心的人做廣告

領英是最適合與心懷事業的人互動的地方。加入領英生態系統的人，比較著重業務與事業。他們會試著與企業、服務或產品互動，因此，在這個平台上做廣告，比較可能得到這類型人的注意。

臉書是平價廣告的好管道，但極少人會在自己的臉書檔案裡完整填寫過去和現在

1. Tracy Raiteri, "Did You Know that there Are Connection Limits on LinkedIn?" Townsville Social Media Marketing, August 31, 2012, http://townsvillesocialmediamarketing.com/did-you-know-that-there-are-connection-limits-on-linkedin.

的專業相關資訊，因此，當你試著用職稱鎖定對象時，無法像在領英上找到同樣多的人數。威克斯注意到，在領英上，當你為某個人提供與工作或事業有關的資訊時，可以達到極高的轉換率；換到臉書，你就要和更多內容較勁（包括誰誰誰家的小孩子與寵物照片，我們都知道，這些有趣多了）。

威克斯建議把領英廣告想成狙擊的目標，臉書廣告則比較是亂槍打鳥的取向。在領英上，你可以用更高的效率、更精準地觸及母體中的業務相關部分。

費用

但是，你得在領英上花費很高的成本，才能得到這樣的注意力、觸及程度，以及具體的瞄準。威克斯說，領英是最昂貴的廣告平台之一。他看到的是，在領英上的點選成本平均來說介於六美元到九美元之間。你事先付出了高額費用，因此之後必須達成大型交易，才足以彌補成本。

在你進一步投入領英廣告平台之前，我想說的是，你不使用這個廣告平台也可以完成許多案子。舉例來說，我個人就和迪士尼、Xbox和福斯影業成交過幾個案子，業務金額超過一千五百萬美元，而且完全是靠著傳送正確的私訊給正確的人（不花我一分一毫）。我有一位好友也使用同樣技巧成交了超過九千萬的業務金額，我們還彼此交換心得，討論哪一種即時通訊效果最好。

想知道我們的祕密嗎？很簡單：我們只是和對方易地而處，去思考「要怎樣才能讓對方的人生更輕鬆？」或「要怎樣才能讓他成為主管眼中的閃亮巨星？」。但是，如果你真的想要使用廣告平台，務必確認你有注意到以下列出的各項目，威克斯會提供最佳策略，告訴你如何善用系統、使其變成你的優勢。

誰該使用領英廣告平台？

符合某些條件的特定類型人士，最能從使用領英廣告平台當中受惠：

⑴想成交大筆交易的人，指單筆、單一顧客或單一客戶，終生交易金額達一萬五千美元或以上之人。

⑵很清楚哪種類型的顧客會買自家商品的人。如果你認為誰都有可能成為你的買方，那麼，領英就不是最適合你的廣告平台。唯有當你鎖定的客群具體且清楚時，使用領英廣告才有意義；此時，領英便是你唯一可以觸及大批客戶的地方。

⑶幾乎任何類型的白領工作者在招募人員時皆適用。如果你的企業想要聘用一位業務經理，你可以對和你在相同地理區、目前職稱是「業務經理」的人展示廣告，那麼，你收到的每一封履歷都會來自合格的人。

⑷高等教育機構。如果你代表一間設有工商管理碩士學程的學校，要招收最高學歷是學士，且研習新聞或英語的人，你可以超精準設定這些資格，找到滿足此條件之人。唯有領英才能讓你以學歷相關的元素做到這種程度的鎖定，因此，極適合想要接觸到新申請者的大專院校。領英是人們真的會列出所有學歷資訊的社交媒體平台之一。高等教育機構也符合前述的大筆交易規則，因為就算學校每次上廣告都只招收到一名申請者，此人在校期間也會上繳大把鈔票。

領英廣告的內容策略

把你的領英廣告想像成和潛在客戶進行初始聯繫的線頭。廣告和透過即時通訊去接觸別人時一樣，你應該先利用廣告為客戶提供價值，之後再提出要求，不要直接發送訊息要求對方致電或購買服務。一開始，你必須先拿出你擁有的價值以醞釀連結，和人們培養出彼此間的忠誠度，以證明你確實知道自己在說什麼。為潛在顧客提供能解決問題的資訊，或賦予他們真知灼見，以洞悉如何化解特定問題。利用這樣的策略，你可以累積出信譽與信任，幫助你前往下一步驟。

這裡要再提醒一次，領英的廣告很昂貴，因此，你得想辦法馬上就契合買方的需求，這很難做到，因為通常人們並不那麼清楚你的業務（談行銷的人通常將這類人稱為「冷流量」〔cold traffic〕）。威克斯的團隊在接觸這些被歸為冷流量的人時，方法是整理出能讓工作更輕鬆的寶貴建議並介紹給他們。這是一種計畫性廣告（programmatic advertising）：提供客戶極有價值的事物，以交換他們的電子郵件地址或其他相關資訊。

打從一開始就拿出寶貴資訊，你可以建立信譽與信任。

而且，就像在臉書平台上一樣，你會想創作出大家會點選的廣告，因為這有利於在拍賣時壓低你的成本。如果你的內容很出色、點擊率很高，你在品質或相關性方面的分數就會比較高。威克斯說，當你在領英上的相關性分數很高，每次點閱的單位成本就可以下降到二十至三十美分，因此，內容的品質極為重要。

你需要給予群眾足以激發他們去點閱的極有趣內容。領英非常重視社群，因此不會鼓勵品質低落的內容。如果大眾對你提出的內容反應冷淡，平台會關掉你的廣告或縮減能看到廣告的人數；反之，如果你的內容品質好、群眾互動熱烈，領英就會大力推動。

廣告的標題很重要

威克斯說，內容的標題（也就是我們在第四章所說的標題）極為重要。人們之所以和內容互動，或者願意提供電子郵件以交換能下載資訊，是因為他們認為它有價值性。

如果你的標題夠好，能讓人們想要多了解你的產品，或是引發他們在某些面向上的興趣，就算他們不讀文章的其他部分，你還是可以得到滿高的轉換率。

A／B測試與超區分你的群眾

以我們討論過的所有社交平台來說，在學習、實驗與找到最佳方法，以求和鎖定的族群互動，並讓行銷預算達到最大效益的這套流程中，測試始終占據非常關鍵的部分。測試最重要的元素，是要知道如何區分目標受眾的反應，這可以幫助你了解你的訊息或提供的內容，與組織中不同的人互動時能引發哪些不同的迴響。

威克斯說，最好的辦法是針對特定職稱做測試，讓你去衡量並了解對於不同職務來說，什麼類型的訊息最有效。公司裡的每種職務皆有特定的動機與職責，這會提點你最有效的溝通方式。舉例來說，如果有客戶來找他說：「我們的產品可以賣給所有從事行銷的人。」他會把這個要求劃分成不同活動，分成針對行銷總監、行銷副總與行銷長。

他會在不同的行銷活動中推出相同的內容，分別給每個被瞄準的群眾組合看，進而了解相對於行銷經理，行銷長會如何與內容互動。

威克斯補充道，不同職稱的人在點選與轉換的行為上也不一樣。在企業對企業領域裡，最內行的行銷團隊都知道這點，也會追蹤引介的每一個步驟。他們會研究合格引介的種種行為演變，找到導致失去交易或能成交結案的因素。如果你一路追蹤整個流程裡的所有行為，就會出現迷人的洞見。

你可能會發現行銷長的轉換率很高，卻很難與他們通上電話；或者，要找到行銷經理比較容易，但是比較難轉換。（請記住，這些只是舉例；你終究必須自己做測試，才能了解你的群眾和潛在客戶實際上的情況如何。這道流程沒有捷徑。）

分析數據之後，你可能會發現，雖然你設定的是要讓行銷長使用你的產品，不過或許鎖定行銷經理，投資報酬率會比較高。然而，除非你把群眾區分開來進行測試，否則你也不會知道這件事。基本上，你可能會對情況做出大致的假設，但你應該在測試假設後，才全然投資某個方向。

威克斯找出最佳鎖定的族群後，會開始檢視圖片尺寸、介紹文字長度以及標題特性。以上每個面向都有不同的重要性。廣告中的圖片非常重要，因為，如果人們在自己的饋送管道中看到相同的圖片二、三次，他們就永遠不會去看了。威克斯解釋，改變圖片好讓廣告版面保有新意，以維繫點閱率的效益長期不墜，至關重要。他也知道，介紹文字對測試來說超級重要，因為人們就是靠著讀這些來判斷值不值得點進去看你的廣告。

在其他平台上重新鎖定廣告對象

每次點擊的流量成本高達六到九美元實屬昂貴，因此，你必須讓廣告的效用發揮到最大，重新鎖定可助你以較低的價格，將得到的初始流量再帶回來。威克斯的團隊常在其他平台進行重新鎖定。領英也有自己的重新鎖定模式，但威克斯說，由於人們在領英上花的時間不像在其他平台上那麼多，因此效果很差。人們通常一個星期才上一次領英，重新鎖定需要做到能經常出現在群眾眼前並吸引他們的注意，領英沒有這樣的廣告量。反觀，利用臉書平台，當用戶每次出現在社交媒體上，無論是臉書還是Instagram，你的廣告頁面都會出現在他們眼前。還有，利用谷歌廣告關鍵字，每當用戶出現在谷歌多媒體廣告聯播網（Google Display Network）時，你也會跳出來。因此，如果你想重新鎖定以獲得流量，最理想的作法是利用臉書廣告平台和谷歌廣告關鍵字。

你可以從領英上獲得推介，然後善用推介帶來的資訊，比方說對方的電子郵件，上傳到臉書廣告平台或谷歌廣告關鍵字，以重新鎖定這些人。這會提高你最後能達成轉換或完成銷售的機率，進而使得你以付費取得流量的方式發揮最大成效。

要點提示與複習

- 領英是進行企業對企業目標鎖定、搜尋工作，以及接觸有志於事業之人士的絕佳平台。
- 在領英上，關於你可以接觸到什麼人，包括會買你的商品或給你工作的人，唯一造成限制的只有你自己向外經營的能力。
- 在領英上和他人聯繫時，請想辦法提供價值。先從恭維或能建立關係的事物下手，不要馬上向對方推銷你的產品或服務，反之，請透過你的產品或服務為他們提供獨特的價值。
- 在你的饋送管道中，分享可以提供價值並能開啟對話的內容，就算是簡單的更新、想法和經驗，都有利於讓對方時常想到你。
- 在領英上要快速傳播內容會比在其他商業平台上更容易，因為任何社交互動（按讚、留言或分享）都能讓你的網絡、你網絡中各聯絡人的網絡看到你的內容。

- 領英具有特殊性，在企業對企業領域尤為明顯，因此，其廣告平台在眾多社交媒體當中，堪稱數一數二的貴。平均而言，每次點擊的單位成本約為六到九美元。
- 真正能從領英廣告平台獲益的，包括那些簽下高額企業對企業交易、產品或服務（指一萬美元以上）的人；那些知道該鎖定組織內部哪些特定人士為買方之人、招募白領員工的招募專員，以及招收學生的高等教育機構。
- 利用廣告累積信譽和信任。為潛在客戶提供超值的價值性。
- 進行A／B測試與超精準的群眾鎖定，以了解更多相關資訊並提升內容成效。
- 改變廣告中使用的圖片以保持新意，至關重要。
- 廣告的標題和介紹對測試而言非常重要，因為人們會以此判斷值不值得點進去看你的廣告。
- 在臉書、Instagram 等其他平台或使用谷歌廣告關鍵字重新鎖定群眾，將你的費用效益發揮到最大。

第十二章

持久力

恭喜你走到現在！此刻，你已擁有豐富的知識和工具，可幫助你建立群眾並對全世界聯播你的內容。但是，這並非旅程的終點。我想，很多人之所以閱讀本書，是因為有想要實現的遠大夢想與目標，不僅只是如同煙火般凌空一現後消失，而是成為一顆導航的星星：一個讓人不斷、不斷搜尋的實體。

你需要成為一個品牌，一個眾人熟悉且信賴的名字。喬伊萬．偉德也同意，他認為讓品牌持久最重要的方法，就是要值得信任。信任是一切的核心。別人得知道你支持什麼、你的價值觀是什麼、驅動你的力量是什麼（即你打造產品與服務背後的心態）。讓我們來檢視你如何營造出持續力、相關性和信譽，以打造持久又強大的品牌。

☑一切有可能達成

首先，你要知道，你有可能成為一個和眾人息息相關、家喻戶曉的名字。勇於做大夢！Prince Ea 說，飛行員通常會選擇目的地偏北方的路徑，因為如果他直飛，降落的位置會比預期中偏南。他說，之於工作和人生，這是很好的比喻。如果我們太務實，最後就會悲觀。然而假如我們瞄準的是月亮，最終周遭就會環繞著群星（這正是我們心中真正的目標）。知名曲棍球員韋恩・格雷茨基（Wayne Gretzky）總是說：「我從不滑到球現在的位置；我會滑到球之後會去的地方。（I never skate to where the puck is; I skate to where the puck is going to be.）」

到達超越你所想的範疇是有可能的。預見格局更大的事物，超越你認為自己可以達到的目標。Prince Ea 說，他想要撼動世界。你無須知道如何辦到，只要知道這有可能辦到就夠了。很多人之所以被困住，是因為他們不相信自己的能力。

他也補充道，個人必須先成長，專業上才能有所成就。當你了解自己是誰，就有能力將天賦貢獻給這個世界。你給不了你沒有的東西，正因如此，自我提升與自我了解才如此重要。

聚焦在「你是誰」上

每個人都有可以奉獻給世界的天賦。欲尋求自己的天賦，得靜下心，傾聽你的直覺，並澈底弄清楚自己是誰。不斷檢視內心，自問是哪些因素造就你這個人的獨一無二、為什麼你會在這裡，以及你必須貢獻什麼。

Prince Ea 提出以下問題，幫助你深入探究自我，也可以套用在打造你的個人品牌上：

一、我爲什麼會在這個地球上？
二、我可以給他人什麼？
三、什麼能讓我快樂？
四、如果我有五年可活，我要做什麼？
五、如果我有一年可活，而且知道無論我做什麼都保證會成功，那我要做什麼？

回答上述問題，確實能幫助你了解自己要做什麼、並相信自己有可能做到，也能幫助你更能堅持你所做的事及打造你的品牌。

納特．摩利是集體作品公司（Works Collective）的創辦人，也是美國最出色的品牌發展策略專家之一，他曾在全球幾家最出色的廣告公司擔任集團創意總監，包括七二與陽光（72andSunny）以及德意志洛杉磯（Deutsch Los Angeles）。他也曾在全球性大品牌耐吉的行銷部門工作，並在骷髏糖（Skullcandy）和DC Shoes擔任行銷長。任職DC Shoes時，摩利率先發展出一種新類型、打上品牌的內容：他的指標性無敵風火輪（Gymkhana）影片系列，點閱次數超過五億次。光是無敵風火輪一片，在零付費支援下，點閱次數就高達六千五百萬次。

摩利說，打造品牌時，「你是誰」和「你做什麼」之間會有差異。「多數人把耐吉想成一家做鞋子的公司，但他們並不是。」他說：「耐吉是一家效能公司，把鞋子當成一種鼓舞與啟動人類效能的工具。過去四十年來，效能的表現方式（即鞋子）大幅改變，但這個品牌的本質從未變動。耐吉一開始就是一家效能公司，現在是這樣，未來也將如此。」

打造品牌很困難。做鞋子的公司多不勝數，但耐吉只有一家。

摩利說，一旦你真正清楚自己是誰，就可以做很多不同的事，打動很多不同的人。他把這套方法套用在與位於不同階段的企業之合作上。「多數新創公司皆能精準聚焦於打造品牌與進入市場，這是好事。」他繼續說：「然而，有時候，企業需要講出的故事是關於他們是誰，而不是他們建造了什麼或做了什麼。你的所建或所做，只是用來傳達你作為這個品牌的本質。」

Chatbooks 這家新創公司，可以從你的相機膠捲與社交媒體帳號印製相簿。摩利是這家公司的顧問委員會成員，幫助 Chatbooks 理解他們並不是一家印書公司，而是一家「堅守重要事物」的公司，公司的存在就是為了激勵與協助人們堅守並保存最珍貴的時刻與人，他們落實的方式就是印製相簿，但印製並不是這家公司的核心。摩利說：「這樣的取向，就算 Chatbooks 選擇不改變品牌本質，也能演化出不同的產品與服務。」

成為品牌也可以幫助你在不斷改變的世界裡持續下去。舉例來說，如果你是一家製造全球至好晶片的處理器公司，你所做的就只是這件事，任何公司只要做出比你更好的晶片，貴公司就不再重要了。正因如此，全世界最頂尖的公司都善用廣告，銷售產品時，皆以品牌形象來包裝呈現。最好的品牌知道善用獨家資源來建立品牌有多重要。

摩利替塔吉特超市（Target）發展出幾套方案，完全不以產品作為主打。他們的活動目標，單純是要讓人們覺得塔吉特時尚、酷炫、可親且充滿樂趣。塔吉特所販售的大部分品項比比皆是，但人們喜歡向他們喜歡的品牌購買。

代表更大的格局

新聞主播凱蒂．庫瑞克相信，知道如何結合科技與說故事力量的人，長期下來將最成功。機會無窮無盡，但競求關注的壓力比以往更加激烈。挑戰是，在受到關注的同時仍能堅守你的原則。還有，你需要一套策略，否則，你將會淪為空有好內容卻乏人觀看的下場。

網路紅人必須隨時關心周遭的世界，不要光想著推銷新產品或服務。人必須成為自身的品牌，代表更大的格局。庫瑞克認為唯有如此，才能真正擴大你的訊息。

以你為核心打造品牌

七一工作室的菲爾．朗塔說，他企業的領域裡其中一個焦點，是以創作者為核心打造品牌，為他們的長期事業架設安全網。在娛樂圈，罕見名人單單靠著只做一件事就享有長期的盛名，在朗塔的產業裡尤其如此，他主要的合作對象是年輕族群。一般來說，年輕人想和同年齡層的人互動，因此，他試著確保旗下客戶在過了特定年齡層後，仍能保有群眾。

要保有相關性，重點是要以**你**為核心打造品牌：你代表的意義必須超越你現在創作的內容。瑞特與林克（我們在談 YouTube 的那一章提過這兩位）就是做到這點的絕佳範例。他們創造出大受歡迎的〈美好的神奇早晨〉之後，又開始進行〈美好的神奇團隊〉（Good Mythical Crew），以早晨節目團隊的工作人員為焦點。瑞特與林克不僅在節目中親自登場，也將團隊中其他人介紹給自己的粉絲，好讓這些人能繼續成長。現在，他們的品牌旗下有十五個受到大眾喜愛的角色。不斷演進、超越作為純粹的創作者，永遠都是明智之舉。

善用多重管道

口袋觀賞媒體的克里斯·威廉斯說，有能力觸及群眾並不等於擁有品牌。在臉書上擁有百萬追蹤者或是影片的點閱次數達到五萬次，並不代表你擁有品牌。即便一個月的點閱次數達到八十萬次，也都不保證大眾能認出你的名號。

若想把大量的追蹤者轉換成品牌，威廉斯建議在多個地方觸及群眾。他認為，YouTube 上的明星傑克·保羅（Jake Paul）就跳脫了自己的數位品牌，因為他參與了迪士尼頻道「音樂玩家」（Bizaardvark）的節目演出。他參演並非為了金錢，而是因為他知道出現在更多平台有助於打造他的個人品牌。當人們開始在很多地方都能看到你，代表你開始建立起個人品牌了。反之，如果他們把你和單一平台連結在一起，通常代表你的觸及面是不夠的。

搞笑平台9GAG的陳展程也認同，他說，當你在爭取新用戶時，目標是要打造出一個穩健的品牌。教育群眾，讓他們加快了解你這個品牌的重點。讓他們知道你也會出現在其他頻道，因此，大眾可以用多種方式和你互動。

自己創造機會

喬伊萬．偉德之所以決定創作自己的喜劇秀，是因為他雖然也渴望從戲劇學院畢業後就能和英國廣播公司（BBC）以及喜劇中心頻道（Comedy Central）簽下合約，但他知道這不切實際。取而代之，他將創意掌控在自己手裡，創作出一個節目，由他自己在線上傳播。如此一來，他就有了證明可以驗證他的構想：透過將內容放上網路給大眾看，他從社交媒體上獲得了大量的證明。由於他的內容效果極佳，為他帶來了認可與信譽，日後得以進入大型電視網並贏得重大合約。他說，你必須向大型頻道證明你的概念有用。「發出屬於你自己的嗡嗡聲，蜂群就會跟著來。」偉德如是說。當你為自己創作，每個人都會開始出現在你身邊；會有一大群人湧進來，跟在你以及你的構想後面。

偉德的數位喜劇小品與節目先累積了幾百萬次的點閱後，他才走進英國廣播公司，向他們證明他的創作很成功，他們因而為他開了一個節目。他認為，任何開始經營個人品牌的人，都應將其掌握在自己手中。沒有人欠你什麼，因此，請努力工作，自己創造機會。

營造強烈的連結感

FabFitFun 的產品長大衛．吳說，你要全心投入經營與顧客或粉絲間的關係，並加以重視。透過與群眾維繫強韌的關係，才能擁有持久力。就算你培養出百萬追蹤者，如果無法維繫關係、和他們之間沒有連結，就沒有任何意義。

你可以回應在貼文上留言的人並與他們互動，以滋養出更強的聯繫；這樣便可以在人們和你的公司間建立出一種他們認為很真誠的連結感。FabFitFun 公司有一個論壇，顧客可以提出任何問題，大衛．吳會親自和顧客對談。這替公司創造出很高的價值。大衛．吳說，很多品牌都怕這麼做，但他知道，最好的企業家會親自上線與人們互動，連史帝夫．賈伯斯（Steve Jobs）和比爾．蓋茲（Bill Gates）也無例外。

他也補充說，最好的批評來自朋友。如果你對待粉絲就像對待朋友，他們很可能會給你一些很好的洞見和建議，或許會告訴你，他們最喜歡你的公司或頁面的哪些部分，隨著時間的推進幫助你不斷強化。

成功沒有祕訣

陳展程說，縱使運用所謂的駭客技巧或花招，比方在一天裡挑特定時間貼文，或利用流行的主題標籤，你也求不來成功。多數用戶都很聰明，如果他們去看某個主題標籤卻看到不相干的內容，就不會追蹤你的帳號了。駭客技巧一開始有些幫助，但成功的祕方非常直截了當：在你的平台上為用戶創造出最好的經驗。

陳展程表示，藉由觀察他喜歡的電影，他從中受益良多。他注意到漫威有大量極受歡迎的超級英雄電影，因此，ＤＣ漫畫（DC Comics）試著複製漫威的模式。然而，如果你去看看票房數字，ＤＣ漫畫的電影並不像漫威那樣賣座。他發現，那是因為關鍵要素並非超級英雄本身。如果你深入去研究，漫威電影將有趣的部分與處理家庭議題、個人關係等元素，以及扣人心弦的時刻結合在一起，ＤＣ的電影通常少了這些面向。ＤＣ嘗試使用駭客手法（亦即，受歡迎的超級英雄），殊不知，真正的祕訣其實在於能觸動人們情感的出色內容。

藉由測試和學習以適應不斷改變的平台

陳展程覺得，要精通社交媒體很困難，因為整個態勢和社交媒體平台不斷在改變，而在此情狀下，你還得持續保有卓越表現與相關性。每過幾年就會出現新的平台，你必須很努力才能適應。

偉德也認同這個世界持續在波動，你要有方法才能安度變化，打造出品牌正好能幫助你達成這個目的。建立品牌是你能因應顧客行為短期上下變化、文化變動與社會壓力的方法之一。

陳展程認為，有一個很重要的因素讓他能延續成功，即是團隊不斷學習與測試，尋找新方法改進。說故事、娛樂與透過內容和人們互動的核心原理始終不變，但持續學習、測試與來回修正，會影響到你如何針對個別平台以特定格式包裝內容。

舉例來說，臉書二〇一八年發布一項重大變革，要推出新的饋送方式，未來將聚焦在顯示更多家人朋友的內容，減少品牌和媒體公司的出現頻率[1]。如此一來，要在這個管道維持相關性，我所提的善用廣告平台的策略就愈加重要。如果使用付費媒體提高曝光率的作法也無法看出效益，許多企業也會更為辛苦。從今而後，品牌與媒體公司要在臉書上進行有機行銷，將比以往更加困難。

有一個方法（但不是唯一）可因應眼前的變化，亦即提供真心誠意且富有創意的內容，並善用本書提出的廣告策略。如果你的內容無法輕易分享出去，就絕對無法讓人看見。這樣的變化，不過是社交媒體要求你更努力、讓策略持續與時俱進的例子罷了。

放手去做

每個人都有使命，也擁有可以幫助你完成使命的天賦。你可以創辦一家公司，善用任何技能，但你一定要知道如何為他人提供價值。請遵循你的本能。如果你有夢想，有著你知道少了它就不能活的事物，那你為何要停止追逐呢？唯一會讓你失敗的路徑，就是放棄。

偉德力促你要去過你最真心誠意、最優質美好的人生；你沒有理由不能體驗到這種全然的幸福。如果你心裡的聲音說：「我喜歡做這個，我這一輩子都想做這件事。」那就別讓任何事阻撓你。即使你從未「做到」，相較於做著不喜歡的事來過著衣食無缺的生活，追求夢想更有趣。

1. Kurt Wagner, "Facebook Is Making a Major Change to the News Feed that Will Show You More Content from Friends and Family and Less from Publishers," Recode, January 11, 2018, https://www.vox.com/2018/1/11/16881160/facebook-mark-zuckerberg-news-feed-algorithm-content-video-friends-family-media-publishers.

偉德提醒我們，人只能活一次。善用你的一生，去做能讓你感到快樂的事。用盡你的全力讓夢想成真。如果你不打造自己的夢，別人會聘請你打造他們的。

裘金媒體的強納森．史科葛摩提醒創業家，成功不是百米衝刺，而是一場馬拉松。即便你沒搭上火箭，也不代表你不能成長；就算你在某個時間點搭上順風車，也不表示永遠一帆風順，因為每個人都會耗盡燃料。他極力主張你要花時間慢慢來，不要匆匆忙忙去做什麼事，更要測試你業務裡的每個要項，直到找到致勝組合為止。

創作出作品，進行測試並從中學習，然後重複能成功的因素。你進入這套流程，是為了長期的成就，不要短打，準備好長期抗戰。偉德提醒我們，耐心最重要，他覺得多數人都不太看重耐性。要具有持久的意義，你需要從今天開始動手，但要耐心等著小小的成就長期下來慢慢累積。當你持續去做小事時，重大成效將會產生。

先從每隔一天就推出一部影片或一項內容做起，然後進階到每天一部影片。抱持熱情等待時間發酵，就能累積出有價值的事物。一年後，你將能站上一個你從未想過自己能到達的地方。從今天開始動手，實現你的夢想。

要點提示與複習

- 目標遠大，瞄準月亮。
- 了解你自己，你才能把自己的天賦獻給這個世界。
- 建立品牌能為你提供更長久的事業安全網。
- 到多重平台去打造你的品牌。
- 「你是誰」和「你做什麼事」兩者間有所差異。著重在你是誰這件事上，追求長期的成功。
- 要值得信任。信任是一切的核心。
- 和顧客建立強韌的關係；對待粉絲像對待朋友一般。
- 在平台上為用戶創造最佳體驗。
- 利用測試和學習以因應不斷變化的平台。
- 為自己創造機會。如果你發出自己的嗡嗡聲，蜂群就會跟著來。

- 會讓你失敗的唯一路徑，就是放棄。
- 用盡你的全力，實現你的夢想。
- 慢慢來，不要倉促去做什麼事。記得要做測試。
- 要有耐性。
- 從今天開始動手，活出你的夢想。

致謝

首先，我要感謝我的作家經紀人比爾．葛萊史東（Bill Gladstone），沒有他就沒有這本書。比爾，你代理超過五十億美元的書籍銷售額，地位崇高，有幸與你合作，讓你花時間主導這個專案並引領我開創作家生涯，對我來說確實意義重大。感謝你一直以來的支持，我期待著與你合作開發未來其他的書。

拉森．阿內森，感謝你一直都是這麼好的朋友。我向來珍惜你我在派拉蒙影業共事的歲月，特別是那些為了替手上所有電影創造出最大效益，我們之間所進行的深刻有益的對話。期待能繼續和你進行這類對話。再次感謝你成為本書的一部分。

致艾瑞克．布朗斯坦，我真心感激你多年來為我提供的洞見和指引。看到你在我們彼此相識如此短的時間內所取得的成就，真是太驚人了。你在分享力公司帶領的團隊所做的事非常出色，你很大方，願意為本書的讀者提供寶貴意見，讓大眾知道如何創作更有意義、更強而有力的內容。

伊蒙・卡瑞，感謝這些年來，你我之間所有激勵人心的對話，尤其是我們對於全球數位與企業局勢的討論。過去十年來，我從你分享於我的資訊當中學到很多。

謝謝9GAG的陳展程，我真心感激你為了本書花時間和我分享你的智慧。對於9GAG能夠如此成功的理由，我毫無疑惑。你在本書中提出許多重要的心得，可為任何人的成長軌跡與社交媒體策略提供支持。

肯恩・鄭，謝謝你多年來一直是我的好友兼合作對象，和你討論不同的概念、策略與商業模式，向來讓人興奮。

凱蒂・庫瑞克，非常感謝妳。過去幾年和妳合作的經驗可謂不同凡響，既光榮又幸運。我們在創作扣人心弦的專訪時總是充滿樂趣，我期待能延續合作。另外，冀望在未來幾年內，能看到妳創作出型態大不相同的內容。

朱爾斯・狄恩，謝謝你撥冗參加網路高峰會並接受採訪。你的成長幅度太驚人了。本書的前提設定在三十天內累積出百萬名追蹤者，但你卻更進一步，在十五個月裡爭取到一千五百萬名的追蹤者。你的內容總是不斷成長、常常爆紅，在我眼中無人能比。

佩卓．佛洛瑞斯，能與你相識這麼多年真是太棒了，很難相信我們在 YouTube 上打造第一批推廣網路紅人宣傳活動（大約是和傑森．史塔森合作電影《快克殺手》時）已經是十幾年前的事了。看你提出的創意和內容永遠是一大樂事，你是一位真正的 YouTube 原創創作者。

提姆．格林伯格，謝謝你花時間成為本書的一部分。你使用極具創意的方法來扶植以世界衝浪聯盟為核心的全球社群，我總是從中學習良多。

菲爾．朗塔，謝謝你，我們的會談一向深具啟發性，就連你早期還在全螢幕公司任職時也一樣。截至目前為止，你在業界創下的成績，可說是非常了不起。我不斷從你身上學到很多東西，我希望你知道，你所分享的一切我都十分珍惜。

喬．賈希尼，謝謝你，你真是辯才無礙。你是我見過娛樂產業裡最明智的人之一，你說出的每句話都充滿詩意。我也要謝謝你持續的導引以及和我的深度對談，除了暢談數位與娛樂產業外，也細數了人生。

邁克爾．胡爾科瓦奇，謝謝你。從我們在時尚基金會（Fashion Trust）的合作開始，到阿德瑞娜．利瑪（Adriana Lima）合作案，再到現在的 VAST，過去十年的共事經驗太美好了。我真心珍惜我們的協作，期待能一起開發出更創新的專案。

傑夫．金恩，謝謝你，你所教授的流程溝通模式內容，扭轉了我的人生。對於你所有的支持與導引，我深表感激。我很愛我們之間的談話，研討關於溝通、以及溝通如何不僅衝擊到業務、內容與社交，更影響著我們的日常生活。我的人生與職涯中能有流程溝通模式、能有你，對我來說別具意義。

羅布．莫蘭，謝謝你的友誼與持續不斷的指引。過去幾年來能和你合作實在太好了，我期待近期能再度與你合作，一起努力。

納特．摩利，你在經營品牌方面的聰明才智與經驗，在我眼中無與倫比。我認為，品牌經營是長期持續成長最重要、最關鍵的因素之一。無論合作對象是耐吉、骷髏糖還是 DC Shoes，你永遠都能找到最創新的方法創作出吸引人的內容，和目標受眾互動並影響他們。感謝你在我們每一次的對話中分享的知識。

大衛．吳，謝謝你。我都告訴人們，你是我見過最聰明的網路行銷人。你的專業、資歷與洞見之高之深，確實無人能及。每次和你談話我都學到許多。多年來，你打造的每一家公司所達到的成長，始終讓我非常佩服。FabFitFun 驚人的成長無法歸諸於好運，而是源自於你的眼光和經驗。我期待未來能和你一起推動其他案子。

卡里歐．塞勒姆（Kario Salem），你的友誼對我來說十分重要。我向來喜歡和你交談，也期待看到你不斷成長，不僅在編劇方面有所成就，也能以歌手的身分做出成績。和你合作、為你的音樂推動相關宣傳活動，真是既歡樂又讓人興奮。

強納森．史科葛摩，謝謝你。真不敢相信我們居然從芝加哥一起搬到洛杉磯，你還在我們當時居住的公寓創辦了裘金媒體公司。看到你個人以及公司的成長，真讓人驚嘆。每當我走過你的辦公室，你的公司創造的成就總會激勵我，也讓我為你感到驕傲。我們一起走了好長的一段路了。

喬伊萬．偉德，謝謝你，你我的對話真的很美好。能像我這樣，遇見來自世界另一端、卻懷抱相同心態與目標的人，真是太讓人開心了。我向來喜愛你激勵人心的洞見，期待未來能與你合作。

阿傑．威克斯，謝謝你。你在領英上的成就讓人讚嘆。在領英平台上管理超過一億美元的費用，確實證明了你的專業與知識的深廣淵博。我向來很享受我們之間的談話，期待未來能與你合作。

克里斯．威廉斯，你真的是一個令人震驚的人。記得我們初見時，你在創作人工作室擔任社群長，當時我就知道，你是數位世界裡最聰明的人之一。你的見解對本書以及對我自己的知識和成長而言，都極為寶貴。你的新公司口袋觀賞媒體在短時間內能有如此大幅的成長與規模，非常激勵人心。

我也要感謝Prince Ea，謝謝你為了本書接受專訪分享智慧，以及用具啟發性和激勵性的方式影響我創作數位內容。你在如此短期內創下的成績可謂非凡。你創作出世界上傳播最快速的幾部影片，藉此教會我們如何製作出色的社交媒體內容，以及如何去過積極且能發揮影響力的人生。

許多位我先前提過，決定參與本書接受訪談，並從中爬梳整理出許多知識與看法的友人們，我感謝各位的時間與參與，在此特別向每一位致謝，包括克莉絲緹．阿妮（Christy Ahni）、安東尼．阿隆、克里斯．巴頓和克里斯．卡麥可。

感謝班恩貝拉出版社（BenBella）的團隊，投入心血不斷琢磨本書的內容，做足準備以利推出市場。誠心感謝團隊的各位，尤其是葛倫．亞菲斯（Glenn Yeffeth）、薇伊．淳恩（Vy Tran）、莎拉．阿維珍（Sarah Avinger）、愛卓恩．朗恩（Adrienne Lang）和珍妮佛・肯頌瑞（Jennifer Canzoneri）。

感謝我在 OPTin.tv. 團隊裡的每一位出色成員。沒有各位持續的努力與奉獻，我們就不可能成長。特別感謝項特・雅格帕林恩（Shant Yegparian）、戴夫・錫德勒（Dave Siedler）、史崔西・哈德西夫（Strahil Hadzhiev）與麥可・席格（Mike Seager）。

感謝塔拉・蘿絲・葛萊史東（Tara Rose Gladstone），謝謝妳為了創作本書提供的一切支持，沒有妳，絕對不可能有這本書。與妳共事是一個令人讚嘆的過程，當中雖有高低起伏，但我認為最終的成果很出色，這都要歸功於妳的心力、奉獻以及投入的時間。我真心感激，期待未來的案子能再度與妳攜手。

放在最後、但也同樣重要的是，我要感謝蓋亞・柯辛斯基（Geyer Kosinski）、蓋瑞・盧卡切西（Gary Lucchesi）、安東尼・朗達爾（Antony Randall）、彼特・威爾森（Pete Wilson）、布萊恩・麥尼爾斯（Brian McNelis）和李察・萊特（Richard Wright），謝謝各位多年的指導，我真心感激各位持續的導引和支持。

BIG 334

百萬粉絲經營法則：30天3步驟打造社群經濟力，在社交平台擁有百萬追蹤數

作　　者—布蘭登．肯恩（Brendan Kane）
譯　　者—吳書榆
主　　編—陳家仁
編　　輯—黃凱怡
協力編輯—巫立文
企　　劃—藍秋惠
封面設計—江孟達
內頁設計—李宜芝

總 編 輯—胡金倫
董 事 長—趙政岷
出 版 者—時報文化出版企業股份有限公司
108019 台北市和平西路三段 240 號 4 樓
發行專線—(02)2306-6842
讀者服務專線—0800-231-705．(02)2304-7103
讀者服務傳真—(02)2304-6858
郵撥—19344724 時報文化出版公司
信箱—10899 臺北華江橋郵局第 99 信箱
時報悅讀網—http://www.readingtimes.com.tw
法律顧問—理律法律事務所 陳長文律師、李念祖律師
印　　刷—勁達印刷有限公司
初版一刷—二〇二〇年七月十日
初版七刷—二〇二三年三月二十四日
定　　價—新台幣三八〇元
（缺頁或破損的書，請寄回更換）

時報文化出版公司成立於一九七五年，
並於一九九九年股票上櫃公開發行，於二〇〇八年脫離中時集團非屬旺中，
以「尊重智慧與創意的文化事業」為信念。

百萬粉絲經營法則：30 天 3 步驟打造社群經濟力，在社交平台擁有百萬追蹤數／布蘭登．肯恩 (Brendan Kane) 作；吳書榆譯．-- 初版．-- 臺北市：時報文化，2020.07
336 面；14.8×21　公分．-- (Big；334)

譯自：One million followers : how I built a massive social following in 30 days

ISBN 978-957-13-8226-5(平裝)

1. 網路行銷 2. 網路社群

496　　　　109007123

ISBN 978-957-13-8226-5
Printed in Taiwan